彩图 1　瓜类育苗床　　　　　　彩图 2　大棚甜瓜生产图

彩图 3　日光温室甜瓜生产图　　　　　彩图 4　甜瓜水培

彩图 5　甜瓜猝倒病

白粉病发病初期叶片

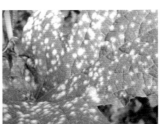
白粉病发病盛期叶片

白粉病发病后期叶片

白粉病病瓜和病茎

彩图 6　甜瓜白粉病

霜霉病发病初期叶片

霜霉病发病中期叶片

霜霉病发病后期叶片(背面)

彩图 7　甜瓜霜霉病

 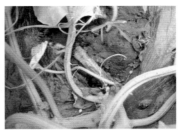

发病植株枯萎死亡　　　　　　　　发病植株茎基部变褐腐烂

发病植株根部变褐腐烂　　　　　　发病植株茎维管束变褐

彩图 8　甜瓜枯萎病

心叶发病症状　　　　叶片发病初期症状　　　叶片发病中期症状

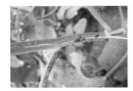 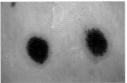

茎和叶柄发病症状　　　　　果实发病症状

彩图 9　甜瓜蔓枯病

花叶型病毒叶片发病症状　　　　　　斑驳型病毒叶片发病症状

彩图 10　甜瓜病毒病

发病初期叶片症状　　　　　　发病后期叶片症状（正面）

发病后期叶片症状（背面）　　　　　　发病植株

彩图 11　甜瓜叶枯病

叶片发病症状（正面）　　　　叶片发病症状（背面）

叶片发病后期症状　　　　　果实发病症状

彩图 12　甜瓜细菌性角斑病

叶片发病初期症状　　　　　叶片发病中期症状

叶片发病后期症状　　　　　叶背发病后期症状

彩图 13　甜瓜细菌性叶枯病

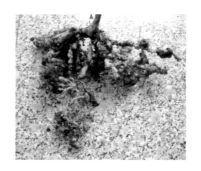
彩图 14　甜瓜根结线虫病发病症状

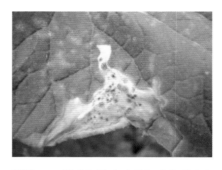
彩图 15　甜瓜灰霉病叶片"V"字形病斑

叶片发病中期症状

果实发病症状

彩图 16　甜瓜灰霉病

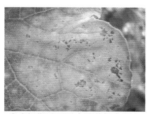
发病初期叶面呈水渍状褐色斑点

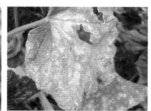
发病中期叶缘呈"V"字形褐斑

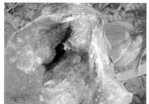
叶片发病后期症状

叶背发病后期症状

彩图 17　甜瓜缘枯病

 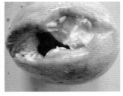 

果实发病初期症状　　　　果实发病后期症状　　　　瓜瓤发病症状

彩图 18　甜瓜软腐病

 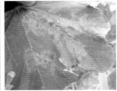 

叶片发病初期症状　　　　叶片发病中期症状　　　　叶背发病中期症状

病瓜病部开裂有红色黏稠物溢出　　　果实发病后期症状

彩图 19　甜瓜炭疽病

彩图 20　甜瓜叶点病病斑

彩图 21　甜瓜褐点病叶面病斑　　　　彩图 22　甜瓜黑斑病叶面病斑

彩图 23　甜瓜靶斑病叶面病斑

彩图 24　甜瓜根腐病植株茎基部

彩图 25　根霉果腐病病瓜　　　　彩图 26　甜瓜酸腐病病瓜

彩图27　甜瓜链孢霉红粉病病瓜

彩图28　甜瓜红粉病病瓜

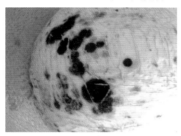

彩图29　甜瓜褐腐病病瓜

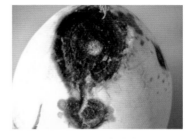

彩图30　炭腐病病瓜

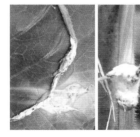

彩图31　甜瓜菌核病叶片、叶柄病斑

彩图32　甜瓜菌核病果实

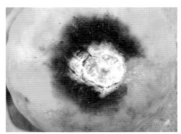

彩图33　甜瓜白绢病病果

叶面发病症状　　　　　　叶背发病症状　　　　　叶面发病后期症状

彩图 34　甜瓜泡斑病

彩图 35　甜瓜冷害　　　　　　　彩图 36　甜瓜高脚苗

彩图 37　甜瓜缺钙症状　　　　　彩图 38　甜瓜缺镁症状

彩图 39　甜瓜缺铁症状

彩图 40　甜瓜黄化症

幼瓜化瓜

半成瓜化瓜

彩图 41　甜瓜化瓜

彩图 42　发酵瓜

彩图 43　生理裂瓜

彩图 44　畸形瓜

彩图 45　瓜蚜为害叶片和幼瓜症状

彩图 46　白粉虱

彩图 47　白粉虱诱发煤污病

彩图 48　黄蓟马

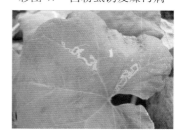

彩图 49　美洲斑潜蝇为害症状

彩图 50　瓜绢螟幼虫和成虫

棚室甜瓜高效栽培

苗锦山　沈火林　编著

机械工业出版社

本书总结归纳了棚室甜瓜栽培的主要经验，结合甜瓜的标准化和规范化栽培，较为全面地阐述了其基本生育特性、优良品种、棚室栽培常用设施的设计与建造技术、育苗技术、小拱棚栽培技术、大拱棚栽培技术、日光温室栽培技术、棚室有机甜瓜栽培技术、棚室甜瓜特种栽培技术及甜瓜病虫害诊断与防治技术等，设有"提示""注意"等小栏目，并辅以棚室甜瓜高效栽培实例，内容翔实，图文并茂，通俗易懂，实用性强，可以帮助种植户更好地掌握棚室甜瓜栽培技术要点。

本书适合棚室甜瓜种植者、农技推广人员使用，也可供农业院校相关专业师生学习参考。

图书在版编目（CIP）数据

棚室甜瓜高效栽培/苗锦山，沈火林编著. —北京：机械工业出版社，2015.2
（2023.1重印）
（高效种植致富直通车）
ISBN 978-7-111-48498-1

Ⅰ.①棚…　Ⅱ.①苗…②沈…　Ⅲ.①甜瓜-温室栽培　Ⅳ.①S627.5

中国版本图书馆 CIP 数据核字（2014）第 265381 号

机械工业出版社（北京市百万庄大街22号　邮政编码100037）
总　策　划：李俊玲　张敬柱　　　策划编辑：高　伟　郎　峰
责任编辑：高　伟　郎　峰　李俊慧　版式设计：霍永明
责任校对：王　欣　　　　　　　　责任印制：张　博
保定市中画美凯印刷有限公司印刷
2023 年 1 月第 1 版第 6 次印刷
140mm×203mm·7.375 印张·6 插页·189 千字
标准书号：ISBN 978-7-111-48498-1
定价：39.80 元

电话服务　　　　　　　　网络服务
客服电话：010-88361066　机　工　官　网：www.cmpbook.com
　　　　　010-88379833　机　工　官　博：weibo.com/cmp1952
　　　　　010-68326294　金　书　网：www.golden-book.com
封底无防伪标均为盗版　机工教育服务网：www.cmpedu.com

高效种植致富直通车
编审委员会

主　　任　沈火林

副 主 任　杨洪强　杨　莉　周广芳　党永华

委　　员（按姓氏笔画排序）

王天元　王国东　牛贞福　田丽丽　刘冰江　刘淑芳

孙瑞红　杜玉虎　李金堂　李俊玲　杨　雷　沈雪峰

张　琼　张力飞　张丽莉　张俊佩　张敬柱　陈　勇

陈　哲　陈宗刚　范　昆　范伟国　郑玉艳　单守明

贺超兴　胡想顺　夏国京　高照全　曹小平　董　民

景炜明　路　河　翟秋喜　魏　珉　魏丽红　魏峭嵘

秘 书 长　苗锦山

秘　　书　高　伟　郎　峰

序

    园艺产业包括蔬菜、果树、花卉和茶等，经多年发展，园艺产业已经成为我国很多地区的农业支柱产业，形成了具有地方特色的果蔬优势产区，园艺种植的发展为农民增收致富和"三农"问题的解决做出了重要贡献。园艺产业基本属于高投入、高产出、技术含量相对较高的产业，农民在实际生产中经常在新品种引进和选择、设施建设、栽培和管理、病虫害防治及产品市场发展趋势预测等诸多方面存在困惑。要实现园艺生产的高产高效，并尽可能地减少农药、化肥施用量以保障产品食用安全和生产环境的健康离不开科技的支撑。

    根据目前农村果蔬产业的生产现状和实际需求，机械工业出版社坚持高起点、高质量、高标准的原则，组织全国 20 多家农业科研院所中理论和实践经验丰富的教师、科研人员及一线技术人员编写了"高效种植致富直通车"丛书。该丛书以蔬菜、果树的高效种植为基本点，全面介绍了主要果蔬的高效栽培技术、棚室果蔬高效栽培技术和病虫害诊断与防治技术、果树整形修剪技术、农村经济作物栽培技术等，基本涵盖了主要的果蔬作物类型，内容全面，突出实用性，可操作性、指导性强。

    整套图书力避大段晦涩文字的说教，编写形式新颖，采取图、表、文结合的方式，穿插重点、难点、窍门或提示等小栏目。此外，为提高技术的可借鉴性，书中配有果蔬优势产区种植能手的实例介绍，以便于种植者之间的交流和学习。

    丛书针对性强，适合农村种植业者、农业技术人员和院校相关专业师生阅读参考。希望本套丛书能为农村果蔬产业科技进步和产业发展做出贡献，同时也恳请读者对书中的不当和错误之处提出宝贵意见，以便补正。

中国农业大学农学与生物技术学院

前　言

　　甜瓜是世界十大水果之一。我国甜瓜常年种植面积超过35万公顷（约529万亩），总产量达965.2万吨，甜瓜种植面积占全球种植面积的43.73%，产量占全球甜瓜总产量的52.6%，是世界第一甜瓜生产大国。但我国甜瓜生产区存在着生产周期性波动、各地优秀主栽品种不多、品种抗性不能满足生产需求及新技术推广不力等问题，严重制约了我国甜瓜产业的健康发展。因此，规范高效的栽培技术对指导我国甜瓜产业的健康发展必不可少。

　　由于设施栽培甜瓜的经济效益显著优于露地栽培，因此近年来我国的棚室栽培甜瓜面积呈不断增加趋势。潍坊科技学院科技人员深入农民生产一线，针对农民棚室甜瓜的种植实际需求，结合自身的研究工作，总结归纳了棚室甜瓜生产的主要经验，并结合甜瓜的标准化和规范化栽培要求，较为全面地阐述了棚室甜瓜生产技术要点和注意问题，以期为我国棚室甜瓜产业的规范、高效、健康发展提供参考。本书从高产高效的角度，对棚室甜瓜种植的良种选择、茬口优化安排、棚室设计和建造、棚室高效栽培技术及病虫害诊断与防治，结合图片、表格等进行了详细介绍，并设有"提示""注意"等小栏目，还附有棚室甜瓜高效栽培实例，可以帮助种植户更好地掌握技术要点。

　　需要特别说明的是，本书所用药物及其使用剂量仅供读者参考，不可完全照搬。在生产实际中，所用药物学名、通用名和商品名称存在差异，药物浓度也有所不同，建议读者在使用每一种药物之前，参阅厂家提供的产品说明以确认药物用量、用药方法、用药时间及禁忌等。

　　本书在编写过程中得到了国内相关专家的大力支持和帮助，并参引了许多专家、学者和同行们的成果和经验，在此一并谨致谢忱。

　　由于编者水平有限，书中难免有错误和不当之处，恳请广大读者批评指正。

编　者

目　录

第十三章 棚室甜瓜高效栽培实例

附录

参考文献

第一章

概　述

甜瓜又称香瓜，属葫芦科黄瓜属，一年生蔓生草本植物。从食用角度来看，可作为水果，从生物学特性和栽培特性来看，则具有蔬菜作物的特点。

甜瓜因其具有良好的食用和药用价值而在世界范围内广泛栽培，是世界十大水果之一，深受人们的喜爱。

第一节　甜瓜的起源、分类和分布

甜瓜起源于非洲几内亚，经埃及传入中近东、中亚（包括中国新疆）和印度，分别在中亚和印度分化为厚皮甜瓜和薄皮甜瓜，再传入我国，我国是薄皮甜瓜的次生起源中心。

甜瓜种类繁多，在我国主要包括厚皮甜瓜和薄皮甜瓜 2 个亚种的 7 个变种。

1. 厚皮甜瓜亚种

该亚种起源于中东，适应于高温干燥气候。植株生长旺盛，叶色浅绿，叶片、花、果实、种子均较大，果皮较硬，耐储运，果肉厚，风味佳，皮、瓤、汁均不可食用。其包括网纹甜瓜变种、硬皮甜瓜变种和冬甜瓜变种 3 种，主要在新疆、甘肃等地栽培（图 1-1）。

图 1-1　厚皮甜瓜品种

2. 薄皮甜瓜亚种

该亚种起源于中国西南部，适应于温暖湿润气候。薄皮甜瓜植株长势中等，叶色深绿，叶片、花、果实较小，皮软或薄而脆，不耐储藏和运输，果肉薄，具芳香味，皮、瓤、汁均可食用。主要包括香瓜变种、稍瓜变种、菜瓜变种和观赏甜瓜变种 4 种，在我国大部分地区均有栽培。栽培上根据其果皮颜色可分为 4 个品种群：①白皮品种群：果皮乳白、绿白或黄白色，充分成熟时略带黄白色；②绿皮品种群：果皮灰绿、绿色或墨绿色；③黄皮品种群：果皮呈黄色或金黄色；④花皮品种群：果皮有 2 种以上颜色，底色上有绿色斑纹或条带状覆纹（图 1-2）。

图 1-2　部分薄皮甜瓜品种群

我国已有 3000 多年的甜瓜栽培历史，在长期的生产实践中培育出众多优良品种，并逐渐形成了一些知名的甜瓜优势产区，如新疆哈密瓜产区、甘肃白兰瓜产区、山东银瓜产区、江南梨瓜产区等。与品种类型相对应，我国的甜瓜分布区域大体可划分为厚皮甜瓜西北栽培区，厚皮、薄皮甜瓜中东部栽培区，薄皮甜瓜东北栽培区及部分地区厚皮、薄皮甜瓜设施栽培区。

第二节　甜瓜的营养和药用价值

甜瓜甘甜芳香，含有水分、蛋白质、碳水化合物、脂肪、胡萝卜素、维生素 A、维生素 B_1、维生素 B_2、维生素 C、烟酸、各种氨基酸、钙、磷、铁、钾等营养元素及芳香物质，糖分含量适中，营养丰富，是世界性高档水果。甜瓜的主要营养成分见表 1-1。

表 1-1　甜瓜的主要营养成分（100g 鲜重含量）

品种名称	产地	可食部（％）	水分/g	蛋白质/g	脂肪/g	碳水化合物/g	热量/kJ	粗纤维/g	灰分/g	钙/mg	磷/mg	铁/mg	胡萝卜素/mg	维生素B_1/mg	维生素B_2/mg	维生素pp/mg	维生素C/g
白香瓜	北京	81	92.4	0.4	0.1	6.2	113	0.4	0.5	29	10	0.2	0.03	0.02	0.02	0.3	13
黄金坠	北京	81	91.6	0.7	0	6.7	126	0.4	0.6	27	12	0.4	0.25	—	0.03	1.1	—
黄金瓜	江苏	74	92.4	0.4	0.5	5.6	121	0.4	0.7	19	22	0.3	0.03	0.02	0.01	0.4	15
白兰瓜	北京	64	93.1	0.5	0.2	5.2	105	0.4	0.6	24	13	0.2	0.04	0.02	0.03	0.4	10
麻醉瓜	甘肃	—	94.6	0.3	0.1	4.2	79	0.3	0.5	40	16	0.8	—	—	0.02	0.3	42
黄蛋子	新疆	60	87.0	0.7	0.2	11.1	205	0.3	0.7	13	9	0.7	微量	0.08	0.01	0.6	25

（续）

品种名称	产地	可食部(%)	水分/g	蛋白质/g	脂肪/g	碳水化合物/g	热量/kJ	粗纤维/g	灰分/g	钙/mg	磷/mg	铁/mg	胡萝卜素/mg	维生素B_1/mg	维生素B_2/mg	维生素pp/mg	维生素C/g
白肉哈密瓜	新疆	63	89.0	0.5	0.3	9.5	180	0.2	0.5	9	13	0.4	微量	0.09	0.01	0.3	13
红肉哈密瓜	新疆	63	90.0	0.4	0.3	8.8	167	0.1	0.4	14	10	1.0	0.22	0.08	0.01	0.3	13

注：本表数据来自中国医学科学院营养卫生研究所。

甜瓜作为食品和药品加工原料，其应用相当广泛。常见的甜瓜食品有瓜干、瓜汁、瓜酱、瓜脯、腌渍品等。部分甜瓜制品如图1-3所示。

甜瓜的保健和药用价值明显。甜瓜含热量高，可作为高热量零食的替代品，有助于减肥；富含钾素有助于控制血压，预防中风；富含植物纤维可缓解便秘；含有的转化酶可将不溶性蛋白质转化为可溶性蛋白质，有助于肾病患者的营养吸收；甜瓜蒂中的葫芦素B可保肝

图1-3 甜瓜制品

护肝，减轻慢性肝损伤；含有的叶酸则有助于胎儿智力发育等。甜瓜果实味甘、性寒、无毒、归心、胃经，具有止渴解暑、除烦热、利尿之功效，对肾病、胃病、贫血病均有辅助疗效。甜瓜果肉、茎、叶、花、果蒂、果皮、种子均可入药，具有保肝、护肾、催吐、杀虫等功效。

 【提示】 甜瓜一年四季均可食用，但因其性寒，脾胃虚寒、寒积腹胀、腹泻便溏者忌食；出血及体虚者不可食瓜蒂。

第三节　我国甜瓜生产的现状及存在的问题

一　我国甜瓜生产的现状

甜瓜是我国农村重要的经济作物之一，甜瓜生产在产区农民增收致富方面发挥了重要作用。当前我国的甜瓜生产主要表现有以下特点。

1) 甜瓜生产规模较大。目前我国甜瓜的常年播种面积超过35万公顷，占全球甜瓜种植面积的40%以上；总产量为960多万吨，占世界甜瓜总产量的50%以上；是世界第一甜瓜生产大国。

2) 栽培技术的不断改进有力保障了甜瓜产业的持续发展。如瓜菜间套作、厚皮甜瓜东移、甜瓜滴灌、无土栽培、嫁接、有机甜瓜栽培等技术的推广应用使我国甜瓜的生产水平明显提高。

3) 新品种的应用和品种更新换代速度加快。伊丽莎白、西博洛托等优良厚皮新品种的引进及本土新品种的选育和推广，极大地推动了我国甜瓜的发展，成功地使"贵族水果"平民化。

4) 设施栽培规模呈增加趋势，栽培效益提升。露地双膜覆盖，大、小拱棚和日光温室等设施栽培发展迅速，基本实现了甜瓜周年生产、四季供应，其经济效益显著提升。

5) 品牌培育成效显著，各地形成了诸多甜瓜优势产区，品牌价值初步显现。如新疆全境、甘肃河西走廊露地厚皮甜瓜主产区，东北薄皮甜瓜主产区，山东寿光设施甜瓜主产区等均已成为各地学习的样板。

二　我国甜瓜生产存在的问题及对策

我国甜瓜生产区在较快发展的同时，也存在着生产周期性波动、各地优秀主栽品种不多、品种抗性不能满足生产需求及新技术推广不力等问题，因此在生产上应切实加以重视，以促进我国甜瓜产业的健康发展。主要问题及对策如下。

1) 生产组织化程度较低，价格波动造成年际经济效益不稳定。我国甜瓜生产多为一家一户的生产模式，组织化程度较低，缺乏对市场的预警机制，往往根据当年价格决定第二年的生产规模，从而

第一章　概述

5

导致生产面积和价格的波动，"瓜贱伤农"的现象影响土地产出和农户种植积极性。因此，应加强对各类甜瓜专业合作社、农协会及家庭农场的扶持和建设，鼓励甜瓜规模化和集约化生产，倡导订单农业模式，提高种植户集体抗市场风险的能力。

2）品种配套和设施栽培品种培育不足。目前我国不同地区甜瓜栽培的早、中、晚熟品种配套尚不齐全，同类型模仿或重复品种较多，品种单一和产品的集中上市对生产管理和产品分期供应均不利；而随着棚室甜瓜栽培的发展，耐低温、耐湿、耐弱光、抗病的棚室专用品种开发较少，不能满足生产需求；且引进国外设施专用甜瓜品种价格昂贵，生产成本大增。因此，国内相关育种机构应积极加强科技攻关，尽快选育适于不同棚室栽培的配套品种。同时着力加强设施栽培配套技术的研发和应用，以促进我国设施甜瓜产业的健康发展。

3）栽培技术改进和推广速度缓慢，影响产业健康发展。第一，尚未实现甜瓜生产的标准化和规范化，瓜农往往盲目追求提早上市，忽视品质改善，产出商品瓜的大小、成熟度、品质等无法满足市场需求，不利于甜瓜优势产区的品牌培育。第二，设施产区盲目追求复种指数和经济效益，棚室一年2茬甚至3茬栽培导致枯萎病、猝倒病、炭疽病等土传病害多发，而克服连作障碍大量施用药、肥对甜瓜产品安全和环境健康均产生不良影响。第三，有机甜瓜栽培技术的研发和应用水平有待于提高，生产监管尚不完善，高档甜瓜产品的产出满足不了市场需求，甜瓜产业附加值不高。第四，测土配方施肥、膜下暗灌、滴灌、秸秆发酵堆、新型加温技术等成熟技术推广应用不足。第五，甜瓜深加工产品开发不够，产品附加值不高。

因此，在生产上应着力加强宏观引导和管理，增强品质观念和品牌意识，加大新技术推广力度，同时科研部门应积极采取措施选育抗病或耐重茬品种及亲和性好的嫁接砧木，并大力推广嫁接技术，提高对甜瓜连作障碍克服的水平和能力，从整体上促进我国甜瓜产业的可持续发展。

——第二章——
甜瓜的生物学特性和对环境条件的要求

第一节　甜瓜的生物学特性

1. 根

甜瓜根系属直根系，由主根、多级侧根和不定根组成。主根入土深度可达 2m，但主根分枝性差，二级侧枝一般只有 3～4 条。二、三级侧根发达，长 2～3m，分枝性强，其上着生 90% 的吸收根。主、侧根根系群主要分布在 8～10m 范围内的 0～30cm 的耕作层内。甜瓜根系的分布因种类和品种不同而不同：厚皮甜瓜根系发达，主根可深达 1.5m；薄皮甜瓜根系较小，主根深 50～60cm，耐旱能力相对较差。

甜瓜根系生长特点：一是发根较早，开花坐果期即达生长高峰；二是根纤细，木栓化程度高，易损伤，再生力弱，根系受损后新根发生缓慢；三是根系生长需要充分供氧。因此，土壤结构良好、孔隙较大、含水量适中的壤土有利于根系生长，黏重、板结或积水土壤影响根系正常发育。甜瓜根系不耐水涝，在浸水缺氧的条件下，易沤根腐烂，造成生理障碍。甜瓜苗期根系如图 2-1 所示。

2. 茎

甜瓜茎又称瓜蔓，由上胚轴发育而成，横断面圆形，表面密生短刺毛。茎蔓节上着生叶片、侧枝和卷须。甜瓜分枝性强，主蔓可分生子蔓，子蔓又可分生出孙蔓。自然状态下侧枝长势强于主蔓。甜瓜的雌花主要着生于子蔓和孙蔓，属子蔓或孙蔓结瓜。茎匍匐在地面生长时可分生不定根。甜瓜茎的主要作用是支撑叶柄和叶片，

并有连接根和叶的功能。甜瓜茎如图 2-2 所示。

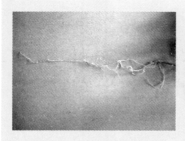

图 2-1　甜瓜苗期根系　　　　　图 2-2　甜瓜茎

3. 叶

甜瓜叶片分为子叶和真叶 2 种。甜瓜品种类型较多，因此其叶片形状、大小、色泽等也各异。子叶可以为种子发芽提供营养，还可在真叶长出之前进行光合作用，其生育状态是衡量幼苗素质的重要标志。

真叶由叶片和叶柄组成，第一片真叶圆而小，第一节以上的叶片多数为圆形或肾形，少数为心脏形或掌形，高节位叶片缺刻较深。真叶正反面长有茸毛，叶背面叶脉上长有短刚毛，可保护叶片和减少叶面蒸腾。真叶从展叶到长成需15~20天，展叶后 15~25 天达到功能盛期。甜瓜叶如图 2-3 所示。

图 2-3　甜瓜叶

叶片的大小和功能强弱与整枝相关，适当整枝可促使叶片变大、叶质厚实、功能明显增强、抗病能力提高。

【提示】　在生产上可根据叶柄长度和叶形指数诊断甜瓜植株长势，叶柄较短、叶形指数较小的植株生长健壮，反之，则为徒长表现。

4. 花

甜瓜花腋生，花型因类型和品种而异，包括雌花、雄花和完全花。多数品种为雄花、完全花同株，即雄全同株。少数品种属单性花系，即雌雄同株异花。另外，还有雌性花系等。

花冠黄色、5裂，雄花花药3枚、扭曲状。雄花簇生或单生，同一叶腋3~5朵分次开放。完全花单生，由柱头、子房和雄蕊组成。柱头较短、3裂，子房呈圆形、长椭圆形或纺锤形。雌蕊柱头和雄蕊花药均有蜜腺，属虫媒花，主要依靠蜜蜂、蚂蚁等传粉。雌花多着生于子蔓和孙蔓，属子蔓或孙蔓结瓜。主蔓雌花或完全花着生节位较高，子蔓或孙蔓通常在1~2节即出现雌花，品种间差异较大。主蔓雌花比例约为0.2%，子蔓为11%，而孙蔓高达40%~60%，与以主蔓结实为主的西瓜显著不同。甜瓜完全花和雄花如图2-4所示。

甜瓜一般于早晨6：00~7：00开花，午后闭花。晴天适宜授粉时间为上午8：00~9：00。

图2-4　甜瓜完全花（左）和雄花（右）

5. 果实

甜瓜果实是由子房和花托共同发育而成的瓠果，由果皮和种腔组成。幼瓜为绿色，成熟后在其他色素作用下表现本品种的固有颜色。果皮木质化程度会有所不同，在果实膨大成熟过程中，木质化程度重的表皮细胞破裂形成网纹。甜瓜果实外层由花托和外果皮组成，厚度各异，中、内果皮无明显界限，由薄壁细胞组成，为甜瓜可食用部分。甜瓜种腔形状有圆形、三角形、星形等，种腔大小不一，充满瓤籽。

甜瓜果实的大小、形状、果皮特征及果肉颜色、风味、香味和质地差异较大，是鉴定品种的主要依据。不同类型的甜瓜果实如图 2-5 所示。

图 2-5　不同类型的甜瓜果实

6. 种子

甜瓜种子由种皮、胚和子叶构成，无胚乳。厚皮甜瓜种子多为细长的椭圆形，薄皮甜瓜种子略圆、皮薄，有黄、白、红等颜色。

种子大小差异较大，一般甜瓜野生种种子千粒重为几克到十几克，薄皮甜瓜为 5 ~ 20g，厚皮甜瓜为 30 ~ 80g。

甜瓜为一瓜多籽型，通常一果有种子 300 ~ 500 粒，多者达 1000 粒以上。种子由种皮、子叶和胚 3 部分组成，无胚乳。种子在干燥、通风的自然条件下可保存 10 年以上。厚皮甜瓜种子如图 2-6 所示。

图 2-6　厚皮甜瓜种子

第二节　甜瓜的生育周期

甜瓜从播种到完成整个生育周期需 80 ~ 130 天，厚皮甜瓜的生育周期一般长于薄皮甜瓜。甜瓜生育周期可分为发芽期、幼苗期、伸蔓期和结果期 4 个时期。

1. 发芽期

种子萌动至子叶展平，第一片真叶抽出时为发芽期，此期需 5 ~ 10 天，因品种和季节而有不同。甜瓜发芽适温为 28 ~ 32℃，低于

15℃不能发芽，高于30℃，虽发芽较快，但幼苗细弱。种子萌发最适土壤含水量为10%左右，低于8%或高于10%均影响发芽。

此期幼苗主要依靠种子储藏的养分进行生长，生长量较少，胚轴和根系是生育中心。子叶是此期主要的光合作用器官，保护子叶完整和维持其正常功能对幼苗发育的作用较大。

发芽期栽培管理的关键是提供光照充足、温度稍低和湿度较少的条件，防止下胚轴徒长成"高脚苗"，培育壮苗。

2. 幼苗期

从子叶展平到第5~6片真叶展开为幼苗期，约30天。此期地下部根系迅速生长，次生根大量形成，但地上部茎叶的干、鲜重和叶面积增加缓慢，幼苗节间较短，伸长速度较慢，呈直立状态。而叶芽分化较快，第一片真叶出现时花芽开始分化。此期是花芽分化的关键时期。幼苗期结束时，花芽分化至茎端有20节左右。

【提示】 昼温30℃、夜温18~20℃及12h日照的条件下花芽分化较早，结实花节位较低，坐瓜较好。温度高、常日条件下，结实节位较高，花的质量差。

创造适宜的土壤温、湿度条件，中耕松土，增加土壤通透性，促根系发育和花芽正常分化是幼苗期的栽培管理重点。

【注意】 在棚室栽培条件下，幼苗期如果遇低温环境，易引发甜瓜花芽分化不良，产生畸形果，在生产上应予以注意。

3. 伸蔓期

从第5~6片真叶展开到坐果节位雌花开放为伸蔓期，此期为20~25天。伸蔓期节间迅速伸长，植株由直立生长状态转为匍匐生长状态。此期地上部营养器官进入快速旺盛生长阶段。主蔓迅速伸长，第1~3个叶腋开始萌发侧蔓，并与主蔓并进生长。叶片大小及叶面积增加较快，主根和各级侧根继续旺盛发育。此期以营养生长为主，生长中心是主、侧蔓生长点，主、侧蔓间尚无同化养分的互相转移。

伸蔓期的栽培管理应把握"促""控"结合的原则，在继续促进和保障根系发育的基础上促使茎蔓健壮。生产上，伸蔓前期应加强肥水管理，促进叶蔓健壮生长和根系继续发育。伸蔓后期应以控为主，采用整枝、控水肥等抑制植株徒长，促使生长中心向生殖生长转移。

4. 结果期

从坐果节位雌花开放到果实成熟时为结果期，此期早熟品种需 20~40 天，晚熟品种需 70~80 天。根据果实形态变化和发育特点，结果期又可分为坐果期、膨果期和成熟期 3 个时期。

（1）坐果期 从坐果节位雌花开放到幼瓜迅速膨大至鸡蛋大小，需 7~10 天。此期茎叶生长仍然旺盛，幼瓜生长缓慢，基部功能叶片光合产物的输入中心仍是茎端，因此营养生长和生殖生长对养分竞争激烈。

坐果期应以控为主，及时整枝、摘心、控水肥等抑制叶蔓生长，同时辅助人工授粉，促进坐果。

（2）膨果期 从果实鸡蛋大小到果实停止膨大定个为止，时间长短因品种而异。此期生长中心为果实，叶蔓生长逐渐衰退，果实膨大迅速，无果侧蔓的光合产物更多地输入有果侧蔓。

（3）成熟期 从果实定个到生理成熟为成熟期。此期果实基本定型，重量和体积增加不大，以果实内含物的转化为主。同时果皮变硬，表现出本品种特有的颜色和花纹，果肉颜色逐渐转深，种子成熟并着色，果实散发出本品种特有的香味。但叶片功能逐渐衰退，并枯黄脱落。

成熟期应停止浇水施肥，注意排水，防止叶蔓早衰。

第三节　甜瓜对环境条件的要求

1. 温度

甜瓜属喜温耐热作物，在生育过程中需要较高温度，极不耐寒，遇霜即死。甜瓜生长最适温度为昼温 26~32℃，夜温 15~20℃，整个生育期要求高于 15℃的有效积温在 1800℃以上。甜瓜对低温反应敏感：昼温 18℃、夜温 13℃以下时植株发育迟缓；昼温 15℃、夜温

13℃以下时生长缓慢；10℃时停止生长；7.4℃时发生冷害。根系生长适温为34℃，最低温度为10℃，最高温度为40℃，10℃以下或40℃以上时根毛发生停止。果实发育适温为昼温27~30℃，夜温15~18℃，低温下易产生畸形果。甜瓜不同生育阶段的温度管理指标见表2-1。

表2-1 甜瓜不同生育阶段的温度管理指标

生 育 阶 段	适宜温度/℃	最低温度/℃	最高温度/℃
发芽期	30~35	15	40
幼苗期	20~25	15	35
伸蔓期	25~30	15	35
结果期	28~32	18	35

甜瓜生育除需要较高温度外，还需一定的昼夜温差。以茎叶生长期温差10~13℃、果实发育期温差13~15℃为宜。

不同类型的甜瓜对温度的需求差异较大：厚皮甜瓜耐热性好，适宜温度范围较窄；薄皮甜瓜相对耐寒，适宜温度范围相对较宽。

2. 光照

甜瓜属喜光作物，在生育期内需要充足的光照时间和光照强度。甜瓜光合作用的光饱和点为55000~60000lx，光补偿点为4000lx。在此范围内，随光强增加，植株生长健壮，花芽分化早，坐果率高。但光照不足时，植株生长细弱，易落花化瓜，果实含糖量下降，香味不足，品质差。不同类型的甜瓜对日照强度需求不同，厚皮甜瓜不耐弱光，喜强光，薄皮甜瓜对光强适应范围较广。

甜瓜正常生育每天需10~12h日照，但不同甜瓜品种对日照时数的需求不同。早熟品种需日照时间1100~1300h，中熟品种需1300~1500h，晚熟品种需1500h以上。

3. 水分

甜瓜根系发达，茎叶被有茸毛，可减少水分蒸腾，因此甜瓜具有耐旱能力，但同时甜瓜也是需水量较多的作物，0~30cm耕作层土壤的相对含水量达70%时为适宜含水量，可促其正常发育和获得高产。土壤含水量低于50%，植株受旱，发育不良。低温、土壤过湿

则会发生沤根现象。甜瓜不同生育阶段的需水指标见表2-2。

表2-2 甜瓜不同生育阶段的需水指标

生 育 阶 段	土壤相对含水量（％）
幼苗期和伸蔓期	70
开花坐果期	65
膨果期	80～85
成熟期	55～60

坐果节位雌花开放前后和膨果期是甜瓜生长期内的 2 个水分敏感期，土壤含水量过低或过高均不利于其生长发育，从而影响产量和品质。

甜瓜喜空气干燥，生育环境的适宜湿度为空气相对湿度的 50％～60％，空气潮湿则长势变弱、病害多发、坐果率低、品质差。但开花授粉期间，空气湿度过低，则花粉不能正常萌发，使受精不正常，导致子房脱落。

4. 土壤及营养条件

甜瓜对土壤适应性较强，沙土、壤土、黏土均可。但最适宜甜瓜根系生长的土壤为土层深厚、排水良好、肥沃疏松、富含有机质的壤土或沙壤土。沙质土壤虽昼夜温差较大、透气性好，但保肥、保水性差，甜瓜生育后期易脱肥、早衰，因此合理肥水管理是沙地甜瓜增产的关键。黏性土壤透气不良、发苗慢，但其保肥、保水性强，植株不易早衰，因此适于中晚熟和多次结果的品种栽培，管理得当可获高产。

甜瓜在 pH 为 6.0～6.8 范围内均能正常生长。甜瓜耐轻度盐碱，耐盐极限为土壤总含盐量 1.52％和氯化钠含量 0.235％。根系在盐碱量 0.74％以下的轻盐碱土壤生长良好；果实含糖量增加，枯萎病发生较少，土层含碱量为 1.2％时，幼苗尚能生长。

甜瓜不耐重茬，一般水旱轮作需 3～4 年，旱地轮作需 6～7 年，连作或轮作周期短易引发枯萎病。

甜瓜属喜肥作物，每生产 1000kg 果实需纯氮 4.6kg、纯磷 3.4kg、钾素 3.4kg。氮肥可促进叶蔓生长，促进植株健壮。磷肥可促进根系生长和花芽分化，提高植株耐寒性。钾肥可促进养分向果实转运和提高植株抗病性。甜瓜整个生育期对氮、磷、钾的吸收比例为 3.28:1:4.33，但不同生育阶段对三者的需要量和比例不同。因此，生产上应根据甜瓜不同生育期的需肥特点和植株长势进行施肥，应以基肥和追肥并用为宜。一般基肥以磷肥和农家肥为主，苗期轻施氮肥，伸蔓期增施氮、磷肥，坐果期以氮、钾肥为主。

第三章
甜瓜优良品种介绍

　　厚皮甜瓜和薄皮甜瓜是我国主要的甜瓜栽培类型，但二者品种间生态型各异，不同品种适宜种植的区域不同，因此种植者必须根据当地的生态环境、栽培季节、栽培方式以及适销性和消费习惯等选择甜瓜品种，并采取相应的种植技术方能取得较好的栽培效果。本章着重突出介绍了适于棚室栽培的中早熟甜瓜良种，以为从事甜瓜露地栽培、甜瓜棚室栽培的农民朋友提供参考。

第一节　甜瓜种植品种选择的原则

1. 甜瓜品种的生态适应性

不同甜瓜品种的生态特点和适应区域见表3-1。

表3-1　不同甜瓜品种的生态特点和适应区域

品种类别		品种特点	代表品种	适应地区和栽培方式
生态类型	常用栽培类型			
薄皮甜瓜	一般常以果皮颜色特点分为白皮、黄皮、花皮、绿皮等	果型较小、皮薄不耐储、熟性早、耐湿抗病性强、适应性广，是我国东部季风农业气候大区中栽培面积最大的甜瓜品种	白沙蜜、龙甜1号、黄金瓜、梨瓜、华南108、甜宝、红城系列	主要适应于东部地区露地栽培，也可进行大棚、小棚早熟栽培

品种类别		品种特点	代表品种	适应地区和栽培方式
生态类型	常用栽培类型			
厚皮甜瓜	特早熟薄皮型厚皮甜瓜品种	具有薄皮甜瓜的特性特征，是适应东部地区的厚皮甜瓜最早熟的品种	中甜1号、丰甜1号等	主要适应于东部地区中棚、小棚爬地栽培，有条件的也可露地栽培
	光皮类早熟品种	适应东部地区栽培的厚皮甜瓜，为外观美、品质优、成熟早的优质品种	伊丽莎白、西博洛托、状元、中甜2号等	主要适应于东部地区大棚立式栽培，有条件的也可小拱棚爬地栽培
	其他类早熟和早中熟品种（包括网纹和半网纹品种）	适应东部地区栽培的厚皮甜瓜，品质优、产量较高、熟性稍迟，并具有不同商品外观特点的品种	玉金香、迎春、一品红、蜜华、海蜜1号、网络时代等	主要适应于东部地区大棚立式栽培，有些品种可在西北少雨地区露地栽培
	瓜蛋类品种	要求有大陆性干旱气候条件，果型较小，不耐储运，成熟早	黄蛋子、铁蛋子、核桃黄瓜、黄醉仙等	主要适应于东北、西北地区露地和小拱棚栽培，部分品种可在东部地区大棚栽培
	白兰瓜类品种	要求有大陆性气候条件，中熟、较耐储运	大暑白兰瓜、黄河蜜	适于在西北地区露地栽培，有的品种可在东部地区大棚栽培

（续）

品种类别		品种特点	代表品种	适应地区和栽培方式
生态类型	常用栽培类型			
厚皮甜瓜	哈密瓜类品种	要求有典型的大陆性干旱气候条件，果型大、品质优、极耐储运、适于长途远销，适应性比较窄	红心脆、皇后、卡拉可赛、新密杂7号、金蜜6号、9818等	主要适应于新疆地区露地中晚熟栽培，有些中熟优质新品种适于在东部地区大棚、温室无土栽培

2. 甜瓜品种的栽培适应性

针对露地栽培和棚室栽培这两种栽培方式，不同栽培方式和地区适宜的甜瓜品种类型见表3-2。

表3-2　不同栽培方式和地区适宜的甜瓜品种类型

栽培方式	地 区		适宜品种特点
露地栽培	东部地区		以薄皮甜瓜为主，部分极早熟薄皮型厚皮甜瓜
	西北地区		厚皮、薄皮甜瓜
	新疆地区		哈密瓜中晚熟品种
	甘肃、宁夏和内蒙古河套地区		早熟或中早熟厚皮甜瓜品种
棚室栽培	冬春茬	华北、长江中下游地区	耐低温、弱光的早熟厚皮甜瓜，如伊丽莎白、西博洛托等
		东北地区	薄皮甜瓜
	早春茬		耐低温、弱光的早熟光皮类厚皮甜瓜、薄皮型早熟厚皮甜瓜、薄皮甜瓜品种等

一 薄皮甜瓜品种

(1) 日本甜宝（图3-1） 由日本引进的薄皮甜瓜品种。果实梨形，果皮白绿色或黄绿色，果肉白色或绿色。肉质松脆沙甜，可溶性固形物含量为16%，味香甜可口，品质极优。易坐果，单瓜重400～450g，抗病性强，较耐低温，适于早春棚室或露地栽培。

(2) 白瓜王子（图3-2） 也是由日本引进的薄皮甜瓜品种。果实梨形，果皮鲜黄白色，果肉白色，肉质松脆，折光糖含量为13%～15%，有香味，品质优。植株生长旺盛，分枝力强，极易坐果，单瓜重250～450g，单株可留瓜5～8个，丰产性好。抗病性强，较耐低温，适应性广，适于早春棚室或露地栽培。

图3-1 日本甜宝

图3-2 白瓜王子

(3) 益都银瓜（图3-3） 山东青州地方品种。该品种可分为大银瓜、小银瓜、火银瓜、半月白四种。大、小银瓜生育期均为90天左右，果实发育期约35天。果实为长卵圆形，顶端稍大，果脐呈棱状凸起。果皮银白色或黄白色，果肉白色，肉厚2.0～3.5cm，肉质松软多汁、入口即

图3-3 益都银瓜

化，具香味，风味佳，但不耐储运。大银瓜单瓜重为 1.0～1.5kg，折光糖含量为 10% 左右，每亩（1 亩＝667m²）产 2500kg 左右。小银瓜单瓜重为 0.8～1.0kg，折光糖含量为 12%～13%，每亩产量为 2000kg 左右。火银瓜折光糖含量为 13% 以上，品质优，较抗枯萎病。

（4）龙甜 1 号 由黑龙江省农业科学院园艺研究所从地方品种五楼供系选而成。为早熟品种，全生育期 75～80 天，果实发育期 30～32 天。果实近圆形，成熟果面呈黄白色，表皮光滑，有 10 条纵沟。果肉浅黄白色，肉厚 2.0～2.5cm，肉质细脆、香甜，折光糖含量为 12% 以上，高者 17% 以上，品质极佳。平均单瓜重为 500g 左右，单株结瓜 3～5 个，每亩产量一般为 2000～2300kg。较抗蔓枯病和白粉病，适应性广，是我国目前种植面积最大的薄皮甜瓜品种之一。

（5）白沙蜜（图3-4） 为黑龙江地方品种。属中早熟品种，全生育期 80～85 天，开花后 36 天成熟。果实为长卵圆形，顶部较平。果皮黄绿，底色覆深绿色斑块条带，果面有 10 条白绿色浅纵沟。果肉浅白色，肉厚 2.0cm 左右，八成熟时采摘，肉质脆甜，折光糖含量为 12% 以上，品质好，耐储运。平均单瓜重 750g，单株结瓜 2～3 个，每亩产量一般为 4000kg 左右。

（6）齐甜 1 号（图3-5） 由黑龙江省齐齐哈尔市蔬菜研究所选育的早熟优良甜瓜品种。全生育期 75～85 天。果实长梨形，成熟时果皮绿白色或黄白色，果面有浅沟，果柄不脱落。果肉绿白色，

图3-4　白沙蜜

图3-5　齐甜 1 号

瓤浅粉色，肉厚 2.0cm，肉质脆甜，有浓郁香味，折光糖含量为 13.5%，高者 16% 以上，品质上等。单瓜重 300g 左右，每亩产量一般为 1500～2000kg。抗病力强，是露地栽培的理想品种。

（7）永甜 3 号（图 3-6） 由黑龙江省齐齐哈尔市蔬菜研究所选育的杂交一代早熟优良甜瓜品种。植株生长势强，子蔓、孙蔓均可结瓜，易坐果，果实发育期 28～30 天。果实梨形，果皮白色，成熟后带黄晕，白肉，肉厚 2.0cm，甜脆适口，折光糖含量为 15%。平均单瓜重 400g 左右，单株结瓜 3～4 个，每亩产量一般为 4000kg 左右。货架寿命 10 天以上，皮韧耐储运。抗枯萎病，较耐白粉病和霜霉病。

（8）永航 8 号（图 3-7） 由黑龙江省齐齐哈尔市永和甜瓜经济作物研究所选育的杂交一代早熟优良甜瓜品种。植株长势较旺，抗性强，从开花到成熟需 28 天左右。果实高圆形，瓜皮纯白色，蒂落时略带黄晕。腔小肉厚，芳香脆甜，折光糖含量为 18%。平均单瓜重 450～500g，棚室栽培每亩产量可达 4000kg 以上。

图 3-6　永甜 3 号　　　　　图 3-7　永航 8 号

（9）永甜帅宝（图 3-8） 由黑龙江省齐齐哈尔市永和甜瓜经济作物研究所从国外引进的薄皮甜瓜新品种。早熟，花后 28～30 天成熟。果实扁圆形，有浅黄晕，果肉浅绿色，折光糖含量为 17% 以上，口感脆甜，商品性好。皮薄而韧，耐储运。平均单瓜重 500g，每亩产量可达 4500kg 以上。

（10）盛开花（图 3-9） 由甘肃华园西甜瓜开发有限公司选育。属中熟品种，全生育期 95 天。植株生长健壮，子蔓、孙蔓坐果。果实椭圆形，瓜皮灰绿色或铁灰色。果肉绿色、极脆，成熟后略带浅黄色，折光糖含量为 8% ～ 10%。平均单瓜重 500g 左右，单株坐果 4 ～ 6 个，每亩产量可达 4500kg 以上。

图 3-8　永甜帅宝

图 3-9　盛开花

（11）津甜 1 号（图 3-10）　由天津市科润蔬菜研究所选育的薄皮甜瓜杂交种。植株长势旺，孙蔓坐果，果实梨形，果皮白绿色，表面有浅沟，成熟后略变黄。果肉浅绿色，肉厚 2.0cm。肉质较脆，折光糖含量为 15% 以上。果实发育期 30 天左右，单瓜重 400 ～ 600g，单株结瓜 3 ～ 5 个，每亩产量可达 4000kg 以上。适应性广，较抗枯萎病和炭疽病，适于棚室和露地栽培。

（12）花蕾 1 号（图 3-11）　由天津市科润蔬菜研究所选育的杂交一代薄皮甜瓜品种。植株长势旺，子蔓、孙蔓坐果，果实梨形，成熟果皮黄色，覆暗绿色斑块，表面有浅沟。果肉绿色，肉质脆，

图 3-10　津甜 1 号

图 3-11　花蕾 1 号

香味浓，折光糖含量为15%以上，风味佳。单瓜重500g，单株结瓜4~5个，每亩产量可达4500kg以上。综合抗性好，适于春季棚室或露地栽培。

（13）津甜100 由天津市科润蔬菜研究所选育的杂交一代薄皮甜瓜品种。果实发育期30天。果实梨形，果皮白色，肉白质脆，折光糖含量为16%，风味佳。平均单瓜重400~600g，单株结瓜6~8个，每亩产量一般为4500kg左右。

（14）白皮梨瓜（图3-12）

为地方农家品种，在江西、浙江、江苏等地种植较多。属中熟品种，全生育期90天。果实扁圆形或圆形，近脐部有浅纵沟，果脐大，平或稍凹陷。白皮白肉，肉厚2.0~2.5cm，折光糖含量为12%~13%，质脆味甜似雪梨，过熟后则成软

图3-12　白皮梨瓜

面粉质，香气增加。单瓜重350~600g，每亩产量一般为2000kg左右。

（15）景甜9号 由黑龙江省哈尔滨市景丰农业高新技术开发有限公司选育。早熟品种，植株生长势较强，见瓜早，瓜码密，产量高。成熟果皮绿色，果面有浅棱沟，外观美。单瓜重450g左右，肉厚腔小，香味浓郁，口感甜脆，含糖量高。抗病性强，适应性广，适宜棚室或露地栽培。

（16）景甜13号 由黑龙江省哈尔滨市景丰农业高新技术开发有限公司选育。早熟品种，阔梨形果，单瓜重450g左右。成熟果皮绿色，完全成熟时深绿色。外观光滑亮丽，果肉绿色，香甜味美，折光糖含量为17%左右。坐果能力强。耐储运，抗逆性强，适应性广。

（17）银辉甜瓜 由台湾农友种苗股份有限公司选育。属早熟品种，全生育期约78天。果实略扁圆，果皮绿白色，单瓜重400g左右。果肉浅绿白色，肉质松脆细嫩，折光糖含量为13%~17%，不易裂瓜。适于华北、东北地区露地栽培。

（18）羊角脆（图 3-13）

为华北地区地方品种。果实
长锥形，果长 30cm 左右，弯曲
似羊角。肉色浅绿，瓜瓤橘黄
色，肉厚 2cm 左右，质地松脆，
汁多清甜，含糖量高。果皮灰
绿色，果面细嫩，不耐储运。
单瓜重 1 ~ 2kg，每亩产量为
3500kg 左右。

图 3-13　羊角脆

二　薄、厚皮杂交甜瓜品种

（1）津甜 98（图 3-14）　由天津市科润蔬菜研究所选育的薄、
厚皮杂交的甜瓜新品种。果实成熟期 30 天。果肉白色，折光糖含量
为 16%。果实椭圆形，果皮金黄色，果面有黄白色浅纵沟。平均单
瓜重 500g 以上，单株可结瓜 4 ~ 5 个。适于棚室和露地栽培。

（2）顶甜 2 号　由天津市科润蔬菜研究所选育的薄、厚皮杂交
的甜瓜新品种。果实成熟期 30 天。果实高圆形，果肉绿色，折光糖
含量为 18%，香味浓郁。果皮青白色，果面光滑。平均单瓜重 600g
以上，单株可结瓜 4 ~ 5 个。抗性好，连续坐果能力强，适于春季棚
室和露地栽培。

（3）津甜 83（图 3-15）　由天津市科润蔬菜研究所选育的薄、
厚皮杂交的甜瓜新品种。果实成熟期 30 天。果实高圆形，果肉白

图 3-14　津甜 98

图 3-15　津甜 83

色，肉厚 2.5cm，折光糖含量为 16%，香味浓郁。果皮浅黄绿色，果面光滑，有纵棱沟。平均单瓜重 700g 以上，单株可结瓜 4 ~ 5 个。抗性好，连续坐果能力强，适于春季棚室和露地栽培。

（4）津甜 210（图 3-16） 由天津市科润蔬菜研究所选育的薄、厚皮杂交的甜瓜新品种。果实成熟期 28 天。果实椭圆形，折光糖含量为 15%，有浓郁香味。果皮浅绿色，果面光滑，有绿色纵棱沟。平均单瓜重 800 ~ 1000g，单株可结瓜 2 ~ 3 个。植株长势较旺，适应性好，适于春、秋季棚室栽培。

图 3-16 津甜 210

三 厚皮甜瓜优良品种

1. 光皮厚皮甜瓜优良品种

（1）伊丽莎白（图 3-17） 由日本米可多育种农场选育的杂交一代特早熟厚皮甜瓜品种。全生育期 70 天，果实发育期 30 ~ 32 天。果实圆形，果皮金黄色，果肉乳白色，肉厚 2.0 ~ 2.5cm，肉质软细，香甜多汁，折光糖含量为 13% ~ 15%。单瓜重 500 ~ 600g，单株结瓜 2 ~ 3 个，平均每亩产量一般为 1500 ~ 2000kg。耐湿，耐弱光，抗病，适应性广，适于棚室栽培。

（2）寿研 3 号（图 3-18） 由中国农业大学寿光蔬菜研究院选育的杂交一代厚皮甜瓜品种。中熟，坐果后 38 天左右成熟。果实高

图 3-17 伊丽莎白

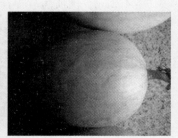

图 3-18 寿研 3 号

圆形至椭圆形，成熟时果皮为金黄色，果肉白色，果肉厚，肉细软汁多，口感极佳，可溶性固形物含量为16%左右，品质优，有淡的麝香味，单瓜重1.5kg左右。植株长势健壮，叶色深绿，抗逆性强，耐白粉病和细菌性角斑病，感蔓枯病。适于棚室和少雨地区露地种植。但在偏低温下果皮的黄色略差。

（3）甜9号 由天津市科润蔬菜研究所选育的早熟厚皮甜瓜新品种。植株长势健壮，综合抗性好，坐果率高且整齐一致。果实成熟期38天，单瓜重1.8kg。果实圆形，果皮黄色，果肉浅绿色，肉厚3.5cm，成熟后折光糖含量为17%，肉质较脆，货架期长。适于棚室春季栽培。

（4）甜8号 由天津市科润蔬菜研究所选育的早熟厚皮甜瓜新品种。果实成熟期35天。植株长势健壮，综合抗性好，低温期坐果性好，单瓜重1.5kg。果实圆形，果皮黄色，果肉浅绿色，肉厚3.7cm，成熟后折光糖含量为17%。适于棚室春秋栽培。

（5）金帝（图3-19） 由合肥丰乐种业（集团）股份有限公司选育。中熟大果型优质品种，成熟期37～40天。果实圆球形，果皮金黄色，光滑有光泽，果肉白色，肉厚5cm左右，空腔小。肉质细脆，汁多味甜，中心部位折光糖含量可达14%～17%。单瓜重2.5kg，皮质韧，耐储运。植株长势旺，抗性强，适应性广。

（6）金露2号（图3-20） 由合肥丰乐种业（集团）股份有限公司选育。早熟优质中大果型甜瓜品种，果实发育期31～35天。果实圆形，转色早，成熟果色金黄略带红色，外观美观，果肉白色，肉厚3.7～4.2cm，肉质脆软多汁，香味浓，口感好，中心折光糖含

图3-19 金帝

图3-20 金露2号

量为 14% ~ 15%，高者可达 16% 以上，品质稳定，较耐储运。单瓜重 1.2 ~ 2.0kg，皮质韧，较耐储运。该品种植株长势强健，分枝能力较强，株型紧凑，抗病性好，易栽培，不早衰，适合棚室早熟丰产"一种两收"种植栽培。

（7）京玉黄流星（图 3-21）由国家蔬菜工程技术研究中心最新育成的黄皮特异类型。果实锥圆形，果皮浅黄色，上覆深绿色断条斑点，似流星雨状。高产，单瓜重 1.3 ~ 2.5kg，折光糖含量为 14% ~ 16%，肉质松脆爽口。适合棚室观光采摘。

图 3-21　京玉黄流星

（8）银露 1 号（图 3-22）　由合肥丰乐种业（集团）股份有限公司选育。早熟大果型厚皮甜瓜品种，果实发育期 30 天左右。白皮圆果，转色早而快，果面光洁，果肉白色，剖面一致性好，肉厚 4.2 ~ 4.5cm，肉质脆松较酥，汁多味甜，有香气，中心折光糖含量为 14.5% 以上，最高可达 17.5% 以上，平均单瓜重高者可达 1.8kg，皮薄质韧，耐储运。该品种植株长势中强，分枝能力较强，株型较紧凑，易坐果，熟期早，抗病，耐弱光能力强，综合性状优良，适合各种棚室早熟丰产栽培。

图 3-22　银露 1 号

（9）红妃（图3-23） 由合肥丰乐种业（集团）股份有限公司选育。早熟厚皮甜瓜品种，果实发育期33～35天。果实圆形，果皮白里透红，果面光洁，转色早而快，果肉橘红色，色艳而匀，肉厚4.2～4.5cm，肉质较脆，汁多味甜，中心折光糖含量为14%～17%，单瓜重1.5～2.0kg，皮薄质韧，耐储运。适合各种棚室早熟丰产栽培。

（10）京玉2号 由国家蔬菜工程技术研究中心选育。植株生长势强，果实发育期37～42天，单瓜重1.2～2.0kg，果实高圆形，果皮洁白有透感，果面光滑，果柄处有微棱。果肉浅橙色，肉质酥嫩爽口，折光糖含量为14%～17%，高者可达18%。熟后不变黄、不落蒂。耐低温弱光，抗枯萎病与白粉病，特别适合春季棚室特色优质栽培。

（11）京玉月亮 由国家蔬菜工程技术研究中心选育。早熟，果实高球形，光滑细腻，白里透橙，果肉橙红色，肉质细嫩爽口，单瓜重1.2～2.0kg，折光糖含量为14%～18%。适合棚室早熟优质栽培。

（12）寿研1号（图3-24） 由中国农业大学寿光蔬菜研究院选育的杂交一代厚皮甜瓜品种。植株长势强，叶色深绿。植株易坐果，中早熟，坐果后37天成熟。果实高圆形，单瓜重1.5～2.0kg，果大小均匀，果皮洁白，果面光滑细腻，有透感。品质好，果肉白色（略带浅绿），肉质细腻，可溶性固形物含量达17.0%左右，极甜，且甜度较稳定。不易裂瓜，较耐储运。果熟后不变黄、不落蒂。耐低温弱光，抗白粉病、细菌性角斑病，耐霜霉病，株型紧凑，产量比"西博洛托"增产15%左右。适于棚室栽培及少雨地区露地种植。

图3-23 红妃　　　　　　　图3-24 寿研1号

（13）西博洛托（图 3-25） 由日本引进的早熟一代厚皮甜瓜品种。果实发育期 35 ~ 40 天。果实圆形，果皮纯白色，有透明感，果肉白色，折光糖含量为 15% ~ 17%，风味佳，耐储运。植株长势旺盛，不早衰，侧蔓着花性好，连续坐果性好，单瓜重 1.1 ~ 1.3kg，高产，抗逆，适应性广。

图 3-25　西博洛托

（14）潍科厚甜 2 号（图 3-26） 由潍坊科技学院园艺科学与技术研究所选育的杂交一代厚皮甜瓜品种。叶片上冲，株型紧凑，中熟，果实圆形，发育期 37 天左右，单瓜重 2.0 ~ 2.5kg，果皮白色，上覆黄晕，果肉白色，肉质细软，折光糖含量为 16.5% 左右，耐储运，耐低温，抗叶枯病、细菌性角斑病，耐白粉病。适于日光温室和塑料大棚早春、秋延迟或少雨地区露地栽培。

图 3-26　潍科厚甜 2 号

（15）元首（图 3-27） 由天津市科润蔬菜研究所选育的早熟厚皮甜瓜新品种。植株生长中等，品质好，肉质酥脆爽口，香甜，糖度为 16%。果皮光滑，密布精美花纹，橙红色果肉，温馨华贵。易坐果，果实成熟期 40 天左右，果实高圆形，单瓜重 2.0kg 以上。果肉厚 4cm 以上，果皮薄，高收益，耐储，口感风味极佳。适于春季塑料大棚栽培。

（16）丰雷（图 3-28） 由天津市科润蔬菜研究所选育的早熟厚皮甜

瓜新品种。全生育期 95 天，果实发育期 35 天左右。果实圆形，果皮黄绿色，有棱沟。果肉浅绿色，肉质软细，香甜多汁，折光糖含量为 16%。单瓜重 1.3～1.5kg，丰产性好。抗逆性强，适应性广，适于棚室栽培。

图 3-27　元首　　　　　　　　　图 3-28　丰雷

2. 网纹厚皮甜瓜优良品种

（1）蜜龙　由天津市科润蔬菜研究所选育的早熟厚皮甜瓜新品种。植株长势健壮，叶片肥厚。果实成熟期 53 天，单瓜重 1.7kg。果实高圆形，果皮灰绿色，有稀疏暗绿斑块，果面网纹均匀规则。果肉橙色，肉厚 3.7cm，肉质脆，折光糖含量为 16%。高抗白粉病，耐储运。每亩产量为 3000kg，适于棚室春季栽培。

（2）瑞龙　由天津市科润蔬菜研究所选育的早熟厚皮甜瓜新品种。秋季专用品种，以综合抗性突出，网纹形成早，纹理粗匀规则著称。果实发育期 50 天，单瓜重 1.5kg，含糖量为 17%，汁多味甜，芳香优雅。适于塑料大棚秋季栽培。

（3）寿研 4 号（图 3-29）　由中国农业大学寿光蔬菜研究院选育的杂交一代厚皮甜瓜品种。植株生长健壮，结果性强。中晚熟，坐果后 45 天左右成熟，果实网纹中等细而密。果实圆形，单瓜重 1.5～1.8kg，果大小均匀，产量高。成熟瓜皮浅绿色（带浅黄色），肉厚，种腔小，果肉浅绿色，肉质细腻、爽口，风味好，糖度为 16% 左右。皮质硬，耐储运，货架期长。耐寒、耐热，抗白粉病和细菌性角斑病。适宜棚室冬春茬（早春茬）栽培或西北等少雨温差大的地方露地种植。但在温度偏低时会影响网纹的均匀性。

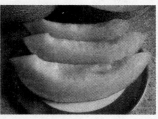

图 3-29　寿研 4 号

（4）碧龙　由天津市科润蔬菜研究所选育的绿皮绿肉网纹甜瓜新品种。对低温耐性好，早春栽培发秧快，低温期坐果性好。果实成熟期 48 天，单瓜重 1.7kg 以上。果实正圆形，果皮深绿色，果面密覆均匀网纹。果肉碧绿色，肉质脆，汁多味甜，风味清香优雅，含糖量为 16% 以上。每亩产量超过 3500kg，适于棚室春季栽培。

（5）潍科厚甜 1 号（图 3-30）　由潍坊科技学院园艺科学与技术研究所选育的杂交一代网纹厚皮甜瓜品种。植株长势强，坐果性强。果实高圆形，发育期 39 天左右，单瓜重 2.5～3.0kg，果皮绿色，上覆中等细网纹，果肉边缘浅绿色中间浅黄色，肉质细软，折光糖含量为 16.5% 左右。果实成熟后不落蒂，不易裂瓜，耐储运，抗叶枯病、白粉病、细菌性角斑病，耐霜霉病。适于日光温室和塑料大棚早春茬或少雨地区露地栽培。

图 3-30　潍科厚甜 1 号

（6）京玉 5 号（图 3-31）　由国家蔬菜工程技术研究中心选育。

第三章　甜瓜优良品种介绍

31

易上网、网纹中等粗匀密。果实圆形，单瓜重 1.2~2.2kg，果皮灰绿色，上覆均匀突起网纹，果肉绿色，肉质细腻多汁，风味独特，折光糖含量为 15%~17%，高者可达 19%。耐白粉病，适合棚室作高档礼品栽培。

（7）甜瓜 759（图 3-32） 由国家蔬菜工程技术研究中心最新育成的早熟细网类型甜瓜。果实近圆形，单瓜重 1.2~2.2kg，果皮墨绿色，上覆均匀细密网纹，果肉浅绿色，肉质细腻多汁，风味独特，折光糖含量为 15%~18%。抗白粉病，适合棚室作高档礼品栽培。

图 3-31　京玉 5 号　　　　　图 3-32　甜瓜 759

（8）丰甜 3 号（图 3-33） 由合肥丰乐种业（集团）股份有限公司选育。中早熟网纹品种，果实发育期 38~43 天。果实圆形，底色深青色，完全成熟时变浅黄色，果面密被网纹，果肉绿色，肉厚 4.0~4.5cm，肉质细软，汁多味甜，成熟时香味浓，中心折光糖含量为 14%~17%，皮硬而厚，耐储运，单瓜重 1.5~2.0kg。适于棚室极早熟丰产栽培。

（9）甜瓜 7447（图 3-34） 由国家蔬菜工程技术研究中心最新育成的早熟网纹类型甜瓜。果实高圆形，果面覆细密网纹。果皮杏黄色，果肉白绿色，单瓜重 1.5~2.2kg，含糖量为 14%~17%。肉质细腻多汁，有荔枝风味。早熟，果实发育期 45~50 天，抗白粉病，耐储运，适合棚室作高档礼品栽培。

图 3-33 丰甜 3 号   图 3-34 甜瓜 7447

（10）**金密龙** 由天津科润农业科技股份有限公司选育的哈密瓜类型网纹甜瓜新品种。植株长势健壮，抗病能力强，坐果性好。果实发育期 50 天，单瓜重 2～3kg。果实卵圆形，果皮金黄色，果面覆均匀规则网纹。果肉橙色，肉厚 4.3cm，肉质松脆爽口，清香宜人，含糖量为 17%，口感风味俱佳。每亩产量 4000kg 以上，最高的可超 5000kg。货架期长，耐储运，常温下可保存 30 天以上。本品种外形美观，商品性好，高产、优质、抗病，适于春季棚室种植。

（11）**寿研 2 号**（图 3-35） 由中国农业大学寿光蔬菜研究院选育的杂交一代厚皮甜瓜品种。植株生长健壮，易坐果。早熟，坐果后 35 天成熟。果实椭圆形，单瓜重 1.5～1.8kg，果大小均匀，果皮浅黄色，有稀网纹。果肉橘红色，肉质酥脆爽口，可溶性固形物含量达 16.0% 左右。品质好，不易裂瓜，耐储运。果熟后不落蒂。耐低温和高温，抗白粉病、细菌性角斑病，耐霜霉病，适于棚室早春栽培及少雨的西北地区露地种植。

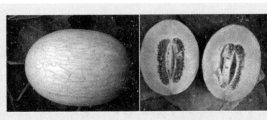

图 3-35 寿研 2 号

——第四章——
甜瓜棚室栽培设施的设计与建造

甜瓜棚室栽培常用的设施有小拱棚、塑料大棚和日光温室三类。本章以寿光和昌乐常用的甜瓜棚室栽培设施为例，分别介绍不同棚室的设计与建造方法。

第一节　小拱棚的设计与建造

小拱棚的跨度一般为 1~3m，高 0.5~1m。其结构简单，造价低，一般多用轻型材料建成。骨架可由细竹竿、毛竹片、荆条、直径为 6~8mm 的钢筋等材料弯曲而成。

1. 小拱棚的类型

小拱棚的主要类型包括小拱圆棚、拱圆棚加风障、半墙拱圆棚和单斜面棚 4 种，如图 4-1 所示。生产中应用较多的是小拱圆棚。

2. 小拱棚的结构与建造

小拱棚的棚架为半圆形，高 0.8~1m，宽 1.2~1.5m，长度因地而定。在地面覆盖地膜，骨架用细竹竿按棚的宽度将两头插入地下形成圆拱，拱杆间距 30cm 左右。全部拱杆插完后，绑 3~4 道横拉杆，使骨架成为一个牢固的整体，如图 4-2 所示。覆盖薄膜后可在棚顶中央留一条放风口，采用扒缝放风。为加强防寒保温，棚的北面可加设风障，棚面上于夜间再加盖草苫。

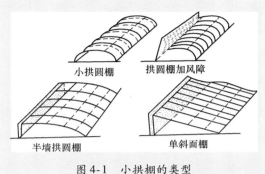

小拱圆棚　　　拱圆棚加风障

半墙拱圆棚　　　单斜面棚

图 4-1　小拱棚的类型

图 4-2　小拱棚

第二节　塑料大棚的设计与建造

一　塑料大棚的类型

塑料大棚按棚顶形状可以分为拱圆形和屋脊形两类,我国绝大多数生产用的塑料大棚为拱圆形。按骨架结构则可分为竹木结构、水泥预制竹木混合结构、钢架结构、钢竹混合结构等类型,前两种一般为有立柱大棚。按连接方式又可分为单栋大棚和连栋大棚两种(图 4-3)。

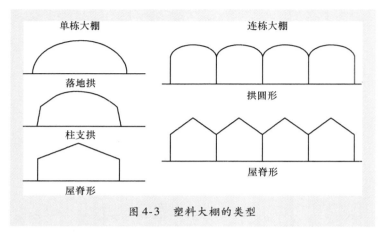

图 4-3　塑料大棚的类型

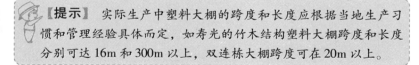

二　塑料大棚的结构

大棚棚形结构的设计、选择和建造，应把握以下 3 个方面。

1）棚形结构合理，造价低；结构简单，易建造，便于栽培和管理。

2）跨度与高度要适当。大棚的跨度主要由建棚材料和高度决定，一般为 8～12m。大棚的高度（棚顶高）与跨度的比例应不小于 0.25。竹木结构和钢架结构拱圆形大棚结构图，如图 4-4～图 4-6 所示。

【提示】　实际生产中塑料大棚的跨度和长度应根据当地生产习惯和管理经验具体而定，如寿光的竹木结构塑料大棚跨度和长度分别可达 16m 和 300m 以上，双连栋大棚跨度可在 20m 以上。

3）设计适宜的跨拱比。性能较好的棚形的跨拱比为 8～10。跨拱比＝跨度／（顶高－肩高）。以跨度 12m 为例，适宜顶高为 3m，肩高应不低于 1.5m，不高于 1.8m。

三　塑料大棚的建造

（1）竹木结构塑料大棚　主要由立柱、拱杆（拱架）、拉杆、压杆（压膜绳）等部件组成，俗称"三杆一柱"。此外，还有棚膜和地锚等。

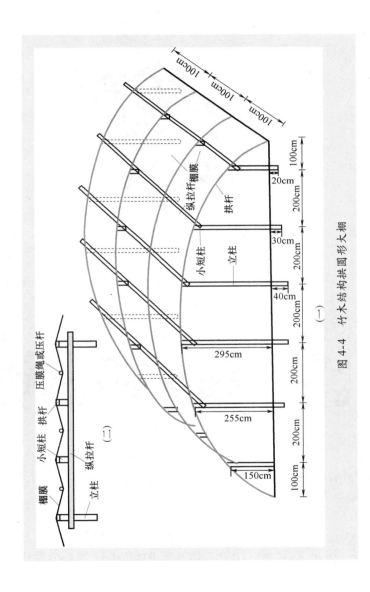

图 4-4 竹木结构拱拱圆形大棚

第四章 甜瓜棚室栽培设施的设计与建造

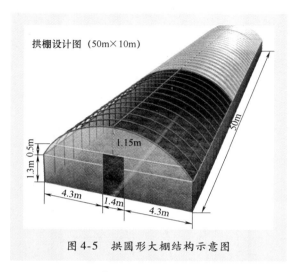

图 4-5 拱圆形大棚结构示意图

图 4-6 典型甜瓜塑料大棚

1）立柱。立柱起支撑拱杆和棚面的作用，呈纵横直线排列。纵向与拱杆间距一致，每隔 0.8～1m 设一根立柱，横向每隔 2m 左右设一根立柱。立柱粗度为 5～8cm，高度一般为 2.4～2.8m，中间最高，向两侧逐渐变矮成自然拱形（图 4-7、图 4-8）。

2）拱杆。拱杆是塑料大棚的骨架，决定塑料大棚的形状和空间构成，并起支撑棚膜的作用。拱杆可用直径 3～4cm 的竹竿按照大棚跨度要求连接构成。拱杆两端要插入地下或捆绑于两端立柱之上，其余部分横向固定于立柱顶端，呈拱形（图 4-9）。

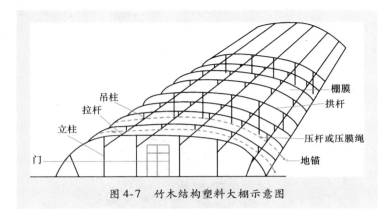

图 4-7 竹木结构塑料大棚示意图

图 4-8 立柱安排及实例

图 4-9 拱杆实例图

第四章 甜瓜棚室栽培设施的设计与建造

39

3）拉杆。拉杆起纵向连接拱杆和立柱、固定压杆的作用，使塑料大棚骨架成为一个整体。拉杆一般为直径 3~4cm 的竹竿，长度与棚体长度一致（图 4-10）。

图 4-10　拉杆实例图

4）压杆。压杆位于棚膜上两根拱架中间，起压平、压实、绷紧棚膜的作用。压杆两端用铁丝与地锚相连，固定于塑料大棚两侧土壤。压杆以细竹竿为材料，也可以用 8 号铁丝或尼龙绳代替，拉紧后将两端固定于事先埋好的地锚上（图 4-11）。

图 4-11　压杆、压膜铁丝和地锚

5）棚膜。棚膜可以选用 0.1~0.12mm 厚的聚氯乙烯（PVC）或聚乙烯（PE）薄膜及 0.08mm 的醋酸乙烯薄膜（EVA 膜）或聚烯烃薄膜（PO 膜）。棚膜宽幅不足时，可用电熨斗加热粘连。若塑料大棚宽度小于 10m，可采用"三大块两条缝"的扣膜方法，即三块棚膜相互搭接（重叠处宽大于 20cm，棚膜边缘烙成筒状，内可穿绳），两处接缝位于棚两侧距地面约1m处，可作为放风口扒缝放风。如果大棚宽度大于10m，则需采用"四大块三条缝"的扣膜方法，除两侧封口外，顶部一般也需要设通风口（图4-12）。

图4-12　简易塑料大棚两侧和顶部通风口

固定两端棚膜时可直接在棚两端拱杆处垂直将薄膜埋于地下，中间部分用细竹竿固定，中间棚膜用压杆或压膜绳固定（图4-13）。

图4-13　两端及中间棚膜的固定

6）塑料大棚建造时可在两端中间两立柱之间安装两个简易推拉门。当外界气温低时，在门外另附两块薄膜相搭连，以防门缝隙进风（图4-14）。

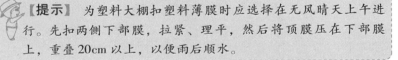

【提示】　为塑料大棚扣塑料薄膜时应选择在无风晴天上午进行。先扣两侧下部膜，拉紧、理平，然后将顶膜压在下部膜上，重叠20cm以上，以便雨后顺水。

寿光等地在蔬菜生产中采用的上述简易竹木结构塑料大棚，具有造价便宜、易学易建、技术成熟、便于操作管理等优点，因而得到了广泛推广和应用。但农民朋友在选择塑料大棚设施时不可盲目追求高档，而应就地采用价廉耐用材料，以降低成本，增加产出。

图 4-14　两端开门及外附防风薄膜

（2）钢架结构塑料大棚　钢架结构塑料大棚的骨架是用钢筋或钢管焊接而成的。其拱架结构一般可分为单梁拱架、双梁平面拱架和三角形拱架 3 种，前两种在生产中较为常见。单梁拱架一般以 $\phi 12 \sim 18$mm 圆钢或金属管材为材料；双梁平面拱架由上弦、下弦及中间的腹杆连成桁架结构；三角形拱架则由三根钢筋和腹杆连成桁架结构（图 4-15、图 4-16）。

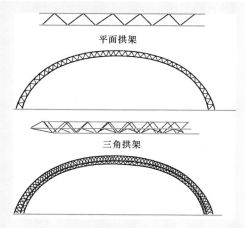

平面拱架

三角拱架

图 4-15　钢架结构塑料大棚桁架结构示意图

图 4-16　钢架结构塑料大棚桁架结构实图

通常大棚跨度为 10 ~ 12m，脊高 2.5 ~ 3.0m。每隔 1.0 ~ 1.2m 埋设一拱形桁架，桁架上弦用 ϕ14 ~ 16mm 钢管、下弦用 ϕ12 ~ 14mm 钢筋、中间用 ϕ10mm 或 8mm 钢筋作腹杆连接。拱架纵向每隔 2m 以 ϕ12 ~ 14mm 钢筋拉杆相连，拉杆焊接于平面桁架下弦，将拱架连为一体（图 4-17）。

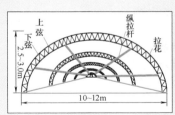

图 4-17　钢架桁架无立柱塑料大棚

钢架结构塑料大棚用压膜卡槽和卡膜弹簧固定薄膜，两侧扒缝通风。具有中间无立柱、透光性好、空间大、坚固耐用等优点，但一次性投资较大。跨度 10m、长 50m 的钢架结构塑料大棚材料及预算，见表 4-1。

表 4-1　跨度 10m、长 50m 的钢架结构塑料大棚材料及预算

项　目	材　料	数量或规格	总价/元
拱架	32mm 热镀锌无缝钢管	1822.3kg	10022.6
横向拉杆	32mm 热镀锌无缝钢管	692kg	3806

项　目	材　料	数量或规格	总价/元
拱架水泥固定座		3.69m³	1107
薄膜	无滴膜	700m²	2100
推拉门		2个	500
压膜绳		4股320丝塑料绳或直径4mm、每千克长度约74m规格的塑料绳	540
卡槽		180m	500
卡子		200个	100
合计			18975.6

第三节　日光温室的设计与建造

目前北方甜瓜生产用日光温室多以寿光Ⅴ型日光温室（图4-18）为范本建造，其结构主要由后墙和山墙、后屋面、前屋面、保温覆

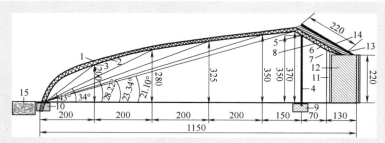

图4-18　寿光Ⅴ型日光温室示意图（单位：cm）

1—拱梁上弦钢管　2—拱梁下弦钢筋　3—拱梁拉花钢筋　4—镀锌钢管后立柱
5—钢管横梁　6—后坡铁架东西向拉三角铁　7—后坡铁架连接后立柱的
三角铁板　8—后坡铁架坡向三角铁板　9—固定后立柱的水泥石墩
10—固定拱梁的水泥石墩　11—后墙砖皮、泥皮　12—后墙心土
13—后坡水泥预制板　14—后坡保温层　15—防寒沟

盖物四部分组成。温室为东西方向，坐北朝南，偏西 5°～10°。根据温室拱架和墙体结构不同，一般可分为土墙竹木结构温室和钢拱架结构温室两种。

一　土墙竹木结构温室的设计与建造

该型温室是目前我国北方生产应用最广泛的，不仅造价低廉，而且土建墙体蓄热和保温效果良好，栽培效果较佳。典型的寿光土墙竹木结构温室如图 4-19 所示。

图 4-19　典型的寿光土墙竹木结构温室

1. 墙体

确定好建造用的地块后，用挖掘机就地挖土，堆成温室后墙和山墙，后墙底部宽度应在 3m 以上，顶部宽度超过 2m。堆土过程中用推土机或挖掘机将墙体碾实，碾实后墙体高度根据跨度不同而定，一般为 3.5～4.0m。墙体堆好后，用挖掘机将墙体内侧切削平整，并将表土回填，同时在一侧山墙开挖通道（图 4-20）。

图 4-20　墙体与通道

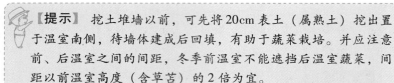

【提示】 挖土堆墙以前，可先将20cm表土（属熟土）挖出置于温室南侧，待墙体建成后回填，有助于蔬菜栽培。并应注意前、后温室之间的间距，冬季前温室不能遮挡后温室蔬菜，间距以前温室高度（含草苫）的2倍为宜。

2. 后屋面

在后墙上方建造后屋面，后屋面内侧长度一般为1.5m左右，与水平线的角度为38°~45°。在北纬32°~45°地区，纬度越低后屋面角度可适当加大，反之夹角减少。紧贴后墙埋设水泥立柱顶住后屋面椽头，之间用铁丝绑扎（图4-21）。

图 4-21　后屋面立柱

【提示】 后屋面高度数值与跨度相关，一般跨度与高度比以约2.2为宜。

3. 前屋面

土墙竹木结构温室的跨度一般为10~12m，根据跨度大小在前屋面埋设3~4排水泥立柱，立柱间隔为4m左右，立柱顶端与竹竿相连，起支撑棚面的作用。同时，在竹拱杆的上方每隔20cm东西向拉8号铁丝锚定于两侧山墙。拉东西铁丝的主要作用是使棚面更加平整，同时便于进行棚上除雪等农事操作（图4-22）。

在日光温室建造中还要考虑适宜的前后坡比和保温比。前坡和后坡垂直投影宽度的比例，一般以 4.5∶1 为宜。保温比为温室内土地面积与前屋面面积之比，一般以 1∶1 为宜，保温比越大，保温效果越好。

图 4-22　温室前屋面

【注意】　前屋面角是指温室前层面底部与地面的夹角。在一定范围内增大前屋面角可以增加温室透光率。一般而言，北纬 32°~43° 地区前屋面角（屋脊透明屋面与地面交角的连线）应为 20.5°~31.5°；前屋面底角地面处的切线角度应为 60°~68°。

4. 薄膜、保温被与放风口

温室透明覆盖材料多采用保温、防雾滴、防尘、抗老化和透光衰减慢的醋酸乙烯薄膜（EVA 膜）或聚烯烃薄膜（PO 膜）；近年来，不透明保温材料由草苫等向保温性能更好的针刺毡保温被或发泡塑料保温被等方向发展（图 4-23）。

图 4-23　普通保温被和发泡塑料保温被

在温室顶部留放风口。风口设置可通过后屋面前窄幅薄膜与前屋面大幅薄膜搭连，在两幅薄膜搭连的边缘穿绳，由滑轮吊绳开关风口（图 4-24）。

图4-24　放风口

5. 电动卷帘机

　　电动卷帘机因结构简单耐用、价格适中、可以大大降低劳动强度等优点而受到种植户的欢迎。寿光应用较多的折臂式卷帘机主要包括支架、卷臂、机头等部件（图4-25）。

图4-25　电动卷帘机

6. 其他辅助设施

　　温室的辅助设施主要包括山墙外缓冲间、温室沼气设备和光伏太阳能设备等。为防止冷风直接进入通道，也为有利于存放生产资料，可以在一侧山墙外建缓冲杂物间（图4-26）。

图4-26　缓冲杂物间

为充分利用秸秆等作物垃圾，积极发展循环农业，有条件的地区可在温室内建造沼气设备。沼液、沼渣可作为有机肥还田，沼气可作为沼气灯燃料用于蔬菜补光。温室高档沼气设备如图4-27所示，普通温室用沼气罐如图4-28所示。

图4-27　温室高档沼气设备

此外，棚室蔬菜滴灌技术、二氧化碳施肥技术等新技术在部分地区得到了推广应用。二氧化碳发生器，见图4-29。

图4-28　普通温室用沼气罐　　　　图4-29　二氧化碳发生器

在规模化经营的现代农业公司提倡应用光伏能源转化发电，产生的清洁能源可广泛应用于温室蔬菜补光、加温等（图4-30）。

图 4-30　温室光伏太阳能设备

【提示】　对于温室栽培新技术的引进和应用，务必坚持先引进示范然后再行推广的原则，不可盲目迷信新兴技术，以免达不到预期效果，造成生产投入的浪费。

二　钢拱架结构温室的设计与建造

该型温室采用双弦钢管或钢筋拱架，双层砖砌墙体，这种墙体可以克服土建温室内侧土墙因湿度大易发生倒塌及外墙易遭雨水冲刷等缺点，因而坚固耐用。缺点是造价较高，因而不提倡一般个体种植业者采用。

同时，钢拱架由于曲度和支撑力均远高于竹竿，因此这种温室在保证前屋面有更为合理的采光角度的同时，提高了温室前部的高度，温室内南边的蔬菜生长空间得以改善（图 4-31）。

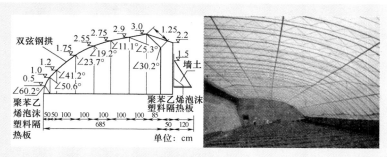

图 4-31　钢拱架结构温室

1. 墙体

墙体建造有两种方法。一种是先砌两层 24cm（一层砖厚 12cm）

厚的砖墙，墙体间距 1.5m 左右，每隔 2.8m 左右加一道拉接墙将两层砖拉在一起，以防墙体填土撑开。为提高墙体整体承重，还需在墙体下部加设圈梁。在两层墙之间填土或保温材料，墙体顶部以砖砌平，水泥固化，注意后墙顶部外侧高度应低于放拱架处的高度，以免雨水从顶部渗入温室内部。另一种方法是和土建温室一样先堆土墙，然后在墙体内墙贴水泥泡沫砖，墙面抹水泥出光，外墙则以水泥板覆盖，水泥抹缝。为节约成本，外墙体也可用废旧保温被或农膜覆盖（图4-32）。

图 4-32　温室内、外墙体

【提示】　北方地区的温室后墙体和山墙厚度以保持在 2m 以上为宜，如果砖砌墙体厚度小于 1m，则后墙的蓄热和保温效果很难满足北方越冬茬茄果类和瓜类蔬菜生产。

2. 拱架

温室采用双弦钢拱架，即将钢管（φ32mm）和钢筋（φ13mm）用短钢筋连接在一起。根据温室跨度不同，一般每隔 1.0～1.5m 设置一个拱架。拱架之间每隔 3m 左右以东西向的钢管连接。拱架上方每隔 30cm 左右东西向横拉 8 号铁丝锚定于东西山墙。

拱架上端放于后墙顶部水泥基座上，拱架后部弯曲要保证后屋面有足够大的仰角，以便于阳光入射屋面内侧，蓄积热量。拱架下端固定于温室前沿砖混结构的基座上（图4-33）。

3. 后屋面

温室顶部以一道钢管或角铁将拱架顶部焊接在一起，以保证后屋面的坚固性。后屋面建筑材料多为石棉瓦、薄膜、毛毯包被玉米秸等。外面覆盖水泥板，在水泥板间预设绑缚压膜绳用的铁环，用水泥砂浆抹面，以防进水（图4-34）。

图4-33　拱架上端（左）和下端（右）固定

图4-34　后屋面内、外侧图

4. 其他设施

　　温室山墙外可设置台阶，以便上、下温室进行生产作业（图4-35）。

图4-35　台阶

第五章
甜瓜育苗技术

　　蔬菜的育苗技术主要包括常规育苗技术、穴盘基质育苗技术和嫁接育苗技术。近年来随着设施蔬菜栽培技术的发展，穴盘基质育苗结合部分蔬菜的嫁接育苗技术已取代常规育苗技术成为主流，该技术有效地提升了种苗的生产效率，保障了种苗质量和供苗时间，并节约了种量的1/2以上。种苗定植后易成活、缓苗快，从而使种苗标准化、集约化、工厂化生产成为可能。以下介绍甜瓜的常规育苗、穴盘基质育苗和嫁接育苗技术。

　　设施蔬菜生产因茬口不同需采用的设施和栽培模式显著不同，常见蔬菜作物棚室栽培茬口安排见表5-1。棚室甜瓜栽培茬口主要为秋延迟茬、冬春茬、秋冬茬和越夏栽培。本章主要介绍管理难度较大的冬春茬和秋延迟茬甜瓜育苗技术。

表 5-1　常见蔬菜作物棚室栽培茬口安排

茬口	温室（大棚）类型	育苗时间	定植时间	适宜蔬菜
秋冬茬	日光温室、单坡面大棚、中拱棚	8月中旬遮阴棚育苗	9月中旬定植，初冬或春节供应市场，2月上中旬拔秧	番茄、甜瓜、西葫芦、花椰菜、韭菜等

茬口	温室（大棚）类型	育苗时间	定植时间	适宜蔬菜
越冬茬	日光温室	8月下旬~9月上旬播种育苗	10月中、下旬定植，12月下旬~1月上旬采收，第二年5~6月拔秧	番茄、黄瓜、茄子、甜（辣）椒、丝瓜、苦瓜等
冬春茬	单坡面大棚、拱圆大棚、部分日光温室、中拱棚	12月中下旬播种育苗	2月下旬~3月上旬定植，4月下旬~5月上旬采收，7月上旬拔秧	厚皮甜瓜、西葫芦、番茄、甜（辣）椒、菜豆等
秋延迟茬	阳畦、小拱棚、部分中拱棚	7月中下旬播种育苗	8月中下旬定植，12月上旬拔秧	番茄、甜（辣）椒、西葫芦、甜瓜、芹菜、花椰菜
早春茬	阳畦、小拱棚、部分中拱棚	1月下旬~2月上旬播种育苗	2月下旬~3月上旬定植，6月底拔秧	番茄、甜瓜、茄子、甜（辣）椒、西葫芦、菜豆等

第一节　甜瓜常规育苗技术

　　甜瓜常规育苗技术主要包括营养土块育苗和营养钵育苗技术两种。生产上常用苗床有冷床（阳畦）、酿热温床、电热温床和火炕温床等（彩图1）。棚室甜瓜产区低温季节育苗多在塑料大棚或日光温室中建造酿热温床和电热温床育苗，以电热温床较为常见。

一 冬春茬甜瓜常规育苗技术

1. 苗床建造

（1）酿热温床　温床因其在地平面位置不同可分为地上温床、地下温床和半地下温床三类，生产上以半地下温床较为常用。先在小拱棚、塑料大棚或日光温室中深挖床坑，床宽 1.5～2.0m，床深 0.3～0.4m，长度依需而定。床底部应做成南深北浅、中间凸起样，呈弧形状，以温床不同部位酿热物的厚度不同调节整床土温一致，如图5-1所示。播前10天左右，先在床底均匀铺垫 4～5cm 厚的碎草或麦秸并踏实，以利于隔热和通气，其上每平方米撒生石灰 0.4～0.5kg 消毒。

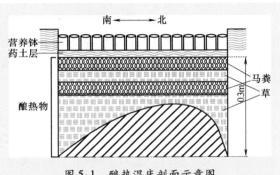

图 5-1　酿热温床剖面示意图

酿热物一般由新鲜马粪、新鲜厩肥或饼肥（60%～70%）和作物秸秆（30%～40%）组成，以人粪尿湿润并搅拌酿热物，使其保持含水量70%左右，碳氮比为（20～30）：1 为宜。常见酿热物的碳氮含量及碳氮比见表5-2。酿热物在播前 7～10 天填床，填充厚度为 30～35cm，分层填入，每填充 10～15cm 稍踩紧，保持酿热物疏松适度。填料后及时覆盖塑料薄膜，晚上加盖草苫促酿热物尽快发热。3～5天后，当温度升至 35～40℃时，在酿热物上方铺填 2～3cm 厚的细土，然后将营养钵排放至苗床，并喷透水。如果采用营养土块育苗方法，则覆盖的营养土厚度应为10cm 左右，浇透水后按照 8cm × 8cm 的规格切块，在缝隙中填入草木灰，避免起苗时营养土块散碎，以保护根系完整。据测定，酿热物生热一般可维持 40 多天。

表5-2　常见酿热物的碳氮含量及碳氮比

种类	碳（%）	氮（%）	碳氮比	种类	碳（%）	氮（%）	碳氮比
稻草	42.0	0.60	70.0	米糠	37.0	1.70	21.8
大麦秆	47.0	0.60	78.8	纺织屑	59.2	2.32	25.5
小麦秆	46.5	0.65	71.5	大豆饼	50.0	9.00	5.6
玉米秆	43.3	1.67	25.9	棉籽饼	16.0	5.00	3.2
新鲜厩肥	75.6	2.80	27.0	牛粪	18.0	0.84	21.4
速成堆肥	56.0	2.60	21.5	马粪	22.3	1.15	19.4
松落叶	42.0	1.42	29.6	猪粪	34.3	2.12	16.2
栎落叶	49.0	2.00	24.5	羊粪	28.9	2.34	12.4

（2）**电热温床**　电热温床是指在苗床底部铺设电热线或远红外电热膜，利用其产生热能或发出远红外光的热效应提高床温的一类温床。近年来，远红外电热膜因其热效率高、节能、操作简单易行等优点在生产上有取代电热线的趋势。

1）电热线或电热膜的选择。甜瓜冬春茬电热温床育苗所需电热线功率，北方地区一般为 $80 \sim 120W/m^2$，南方地区一般为 $60 \sim 80W/m^2$，温室中应用功率略低，塑料大棚中应用功率略高。表5-3中列出了电热温床电热线或电热膜功率的选择参考值。电热膜可根据所需功率选择相应规格产品。

表5-3　电热温床电热线或电热膜功率的选择参考值

（单位：W/m^2）

设定地温 /℃	基础地温/℃			
	9~11	12~14	15~16	17~18
18~19	110	95	80	—
20~21	120	105	90	80
22~23	130	115	100	90
24~25	140	125	110	100

根据苗床面积确定电热线功率和电热线长度，按照以下公式计算布线条数和线距。

布线条数 =（电热线长度 - 床宽 × 2）÷ 苗床长度

【注意】 布线的行数应取偶数，以使电热线的两个接头位于苗床的同一端，分别连接温控仪和电源。

线距 = 床宽/（布线条数 + 1）

【注意】 布线时，应注意边行线距适当缩小，中间行距适当加宽，全床平均线距不变，以解决苗床边缘温度较低的问题，保障幼苗生长一致。

2）电热温床的建造。首先在棚室中挖 1.2 ~ 1.5m 宽、深 30cm 的床坑，挖出的床土做成四周田埂。坑底铺撒 10 ~ 12cm 厚的麦秸、稻草或麦糠等作为隔热层。摊平踏实后，隔热层上再铺 3 ~ 4cm 厚的细土，并踏实刮平。用电热线布线时，取长度 10cm 左右的小木棍，按照线距固定于苗床两端，每端木棍数与布线条数相等。先将电热线固定于苗床一端最靠边的一根木棍上，手拉电热线到另一端绕住 2 根木棍，然后返回绕住 2 根木棍，如此反复，最后将引线留于床外。布线完毕，加装温控仪并接通电源，用电表检查线路是否畅通。之后拔除木棍并在电热线上撒 2 ~ 3cm 厚的细土，整平踏实，以埋住并固定电热线。最后再填实营养土，浇水后切块或覆细土后排放营养钵。电热温床及电热线布线图，如图 5-2 所示。

【注意】 应使电热线贴到踏实刮平的床土上，并拉紧拉直，不得打结、交叉、重叠或靠得过近（线距不少于 1.5cm）；电热线不得加长或截短，需要多根电热线时只能并联，不得串联；苗床进行农事操作时，应先切断电源，并防止线路断路；使用完后，电热线应轻拉轻取，安全储存。

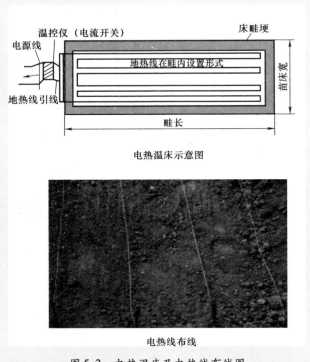

图 5-2　电热温床及电热线布线图

　　采用远红外电热膜则无须布线环节，隔热层覆细土并踏实刮平后直接在苗床铺设既定功率单面发热电热膜，然后填实营养土，浇水后切块或覆 2～3cm 厚的细土后排放营养钵。

　　不论营养土块还是营养钵育苗均需配制营养土。配制营养土的原料主要为园土（在 2～3 年未种植过瓜类作物的大田里取 0～23cm 深的表层土）、粪肥、饼肥或草炭、适量化肥等。常见营养土配比有两种：一是园土 2/3，腐熟粪肥（或草炭）1/3，每立方米加入氮磷钾复合肥 1.5kg 或尿素 0.2kg、过磷酸钙 0.25kg、硫酸钾 0.5kg；二是园土 5/10，腐熟粪肥 3/10，草炭 2/10，每立方米加入氮磷钾复合肥 1.5kg 或磷酸二铵 0.5kg、硫酸钾 0.5kg。

【注意】 有机肥和过磷酸钙均需打碎过筛后充分拌匀。

营养土配制过程中需进行消毒。常用的消毒方法为每立方米营养土搅拌时掺入50%甲基托布津可湿性粉剂或50%多菌灵可湿性粉剂80~100g。或每立方米营养土搅拌过程中用40%福尔马林200~300mL，兑水25~30L，搅匀后均匀喷入土中。用塑料薄膜覆盖闷2~3天后摊开营养土待药气散尽后使用，如图5-3所示。

【注意】 营养土堆制应在使用前1~2个月进行，所用有机肥要充分腐熟方可使用。

图5-3　育苗用营养土

2. 营养钵或营养土块制作

甜瓜育苗用营养钵多采用软质黑色聚氯乙烯圆台形塑料杯，适宜规格为杯口直径12cm，杯高12~14cm。向钵内装土时不要装得过满，装至距钵沿2~3cm即可。将营养钵整齐地摆放于苗床内，如图5-4所示。

营养土块制作方法：在苗床底部撒一薄层河沙或草木灰，然后回填10cm左右的营养土层，踏实，耙平，浇透水。水下渗后用薄铁片或菜刀先横后竖划成10cm×10cm的方土块，土块间撒少量细沙或草木灰，防土块重新黏结以便后期起苗。

图 5-4　营养钵制作

> 【注意】营养土块育苗应精细操作，否则起苗时易散坨伤根，缓苗较慢。

3. 种子处理

甜瓜播前种子处理主要包括晒种、温汤浸种、热水烫种、干热处理、药剂消毒、催芽。播种前根据棚室栽培甜瓜定植密度确定苗数，一般棚室单蔓整枝亩苗数为 2000 ~ 2200 株，然后按照 90% 的发芽率确定播种量。精选种子后按照以下操作进行种子消毒。

（1）**晒种**　播种前将精选过的种子摊放于木板或纸板上，种子厚度不超过 1cm，在阳光下暴晒 1 ~ 2 天，期间每隔 2h 翻动 1 次，使晾晒均匀。

> 【禁忌】在冰柜或种子库低温保存的种子必须播前晾晒，否则会因种子活力低下导致出苗不齐或不出苗。

（2）**温汤浸种**　将选好、晒过的种子，放入 55℃ 左右的温水中，水量为种子体积的 5 ~ 6 倍。边浸种边搅拌，并维持 55℃ 水温 15min 左右。当水温降至 25 ~ 30℃ 时，搓去种子表面的胶状物质。冲洗干净后，在室温下浸种 3 ~ 5h。

（3）**热水烫种**　对于甜瓜嫁接砧木南瓜等厚种皮的种子而言，可将种子放入 5 倍于种子体积的 70℃ 热水中烫种。放入后迅速搅拌 30s，然后倒入冷水使水温降至 30℃，之后进入正常温汤浸种程序。

包衣种子不必冲洗。

（4）干热处理　干燥的甜瓜种子（含水量6%左右）放入70℃恒温箱或烘箱72h，可有效杀灭种子内外的病菌和病毒。

（5）药剂消毒　种子常见消毒方法见表5-4。

表5-4　种子常见消毒方法

药　剂	时间/min	灭菌名称
50%多菌灵或50%福美双可湿性粉剂500倍液、50%异菌脲可湿性粉剂500倍液等浸种	20	炭疽病、枯萎病、蔓枯病、根腐病
2%～3%漂白粉溶液浸种	30	种子表面多种细菌
0.2%高锰酸钾溶液浸种	20	
40%福尔马林100倍液浸种	20	炭疽病、枯萎病
97%噁霉灵可湿性粉剂3000倍液、72.2%霜霉威盐酸盐水剂800倍液等浸种	30	猝倒病、疫病
10%磷酸三钠溶液浸种	20	病毒病

【注意】　药剂消毒应严格把握消毒时间，结束后立即用清水冲洗数遍。

（6）催芽

1）催芽前浸种。一般常温下浸种以6～8h为宜。采用温汤浸种后可减至2～4h。

2）催芽温度和时间。甜瓜催芽适温为28～30℃，低于15℃或高于40℃均不利于发芽。所需时间为1～2天，待70%左右的种子露白（胚根长0.3～0.4mm）即可停止催芽，进行播种（表5-5）。

3）催芽方法。把浸种后稍晾干的种子用湿棉（纱）布或湿毛巾包好，放于隔湿塑料薄膜上，上覆保温材料保温。有条件时，也可将湿布包好的种子放于恒温箱内进行催芽。箱内温度设定为30℃，相对湿度保持在90%以上。每4h翻动1次，直至种子露白。

表 5-5　部分蔬菜催芽时的温度和时间

蔬 菜 种 类	催芽温度/℃	催芽时间/天
茄子	28～30	5
辣椒	28～30	4
番茄	25～28	4
黄瓜	28～30	2
甜瓜	28～30	2
西瓜	28～30	2
生菜	20～22	3
甘蓝	22～25	2
花椰菜	20～22	3
芹菜	15～20	7～10

【注意】 包种子时种子包的平放厚度不宜超过3cm。催芽过程中应间隔4～5h翻动1次种子，以进行换气，并及时补充水分。

4. 播种

　　根据定植时间和苗龄确定播期。冬春茬甜瓜常规苗苗龄一般为30天左右，嫁接苗为50天左右。夏秋季育苗苗龄一般为15天左右。冬春茬育苗应在温室或拱棚内苗床上添加小拱棚等多层覆盖设施（图5-5）。观察苗床5cm地温稳定在16℃以上时即可播种。

　　冬春茬播种应选在晴天上午进行，夏秋茬宜选择在下午5:00以后或阴天进行，均采用点播方法。瓜类嫁接育苗则可采用撒播方法，如图5-6所示。冬春茬播种前苗床或营养钵应浇透35℃温水，水下渗后在每个营养钵或营养土块中央播种1粒，播深1～2cm，种子平

图5-5　架设小拱棚

放。播后及时盖塑料薄膜以保温保湿，种子出土后及时撤膜。

【注意】 冬春茬甜瓜播种不宜过深，否则遇低温高湿情况易烂种。也不宜过浅，过浅则易"戴帽"出土或影响根系下扎。

图5-6 苗床撒播苗

5. 冬春茬甜瓜苗床管理技术

（1）温度管理 冬春茬甜瓜生育期内温度管理见表5-6。

表5-6 冬春茬甜瓜生育期内温度管理

生 育 时 期	白天气温/℃	夜间气温/℃	地温/℃	大致天数/天
发芽出苗期	32	30	30	3
子叶期	25～26	18～20	20～30	7
幼苗真叶期	26～28	20～22	24～26	20～25
伸蔓期	28～30	18～20	20～24	30～35
开花坐果期	26～28	18～22	20～24	10～15
果实膨大期	25～30	18～20	20～24	15～25
成熟采收期	28～30	16～18	18～20	10～20

（2）湿度管理 甜瓜苗床管理应严格控制水分。播种前浇透水，出苗前一般不浇水，以防种苗徒长或低温沤根。出苗至真叶展开后，应结合苗床墒情及时增加浇水量。浇水宜在晴天上午进行，水温为

第五章 甜瓜育苗技术

35℃左右。

高效栽培

【注意】 采用塑料营养钵育苗的浇水时应坚持少量多次的原则；采用营养土块育苗的应尽量减少浇水。

（3）**光照管理** 冬春茬甜瓜育苗床多处于低温弱光环境，若管理不善则苗子细弱，易徒长，因此应采取措施尽量增加苗床透光率。第一，要经常保持棚膜清洁，增加幼苗见光率。第二，在保证发育所需温度的基础上，草苫尽量早揭晚盖，以延长见光时间。第三，采用无滴膜覆盖，及时通风排湿，防止棚内结露、滴水。第四，久阴乍晴，幼苗易发生脱水萎蔫现象，应采用晒花苫或采用草苫时盖时揭的方法，待幼苗恢复正常后再揭全苫。

（4）**病虫害防治** 甜瓜苗期主要侵染性病害有猝倒病、病毒病、炭疽病等以及冷害、沤根等生理性病害，应通过降低棚室及苗床湿度和化学药剂防治，打药宜在晴天上午进行。主要虫害有蚜虫、白粉虱、蓟马和美洲斑潜蝇等，应及时采用化学药剂防治。具体方法参考第十二章甜瓜病虫害诊断与防治技术。

（5）**定植前炼苗** 甜瓜幼苗定植需进行降温、控水处理，以增加幼苗的抗逆能力和适应性。具体方法是定植前 5～7 天，选晴暖天气浇透水 1 次。然后通过加强通风、降温、排湿，使苗床昼间温度控制在 20～22℃，天气晴暖时，夜间可将不透明覆盖物揭开，苗床两端或两侧通风降温，使夜间温度控制在 18～20℃。之后随气温上升，当苗床夜间温度稳定在 18℃以上时，可将塑料薄膜全部揭开。炼苗期间应注意刮风、下雨、倒春寒等天气变化，及时加盖覆盖物，严防苗床淋雨或遭受冷害。

【注意】 甜瓜幼苗若定植于棚室内，且幼苗健壮、适应性强，则炼苗强度应酌情降低或不炼苗。

（6）**壮苗标准** 冬春茬甜瓜的壮苗标准为：苗龄 30～35 天，3～4 叶 1 心，苗高大于 10cm，下胚轴粗矮，茎粗 0.2～0.3cm；子叶节位距土壤表面不超过 3cm；子叶完整，真叶叶片肥厚呈深绿色，无病斑虫害；根系洁白、发育良好，主根和侧根粗壮，无药害，无损伤。

（7）育苗过程常见问题　冬春茬甜瓜育苗过程中气温较低，光照时间短，气候变化剧烈，常伴有倒春寒天气发生，均不利于幼苗生长发育。甜瓜育苗期常见问题与解决方法见表5-7。

表5-7　甜瓜育苗期常见问题及解决方法

序号	问题	症状	原因	解决方法
1	不出苗	幼芽腐烂或干枯、烧苗	施用未腐熟有机肥或过量化肥、农药导致烂芽；播种过深；土温低于15℃，湿度过大；苗床过干致幼芽干枯	合理施用药肥，保持苗床适宜温、湿度
2	种子"戴帽"出土（如图5-7所示）	种皮部分包住子叶并一起出土，子叶展开不及时，影响光合作用	播后覆土过薄，土壤水分不足，地温较低，出苗时间延长，种子活力弱或种皮厚等	播后轻轻镇压土壤或在所播大粒种子上方堆1.5～2cm小潮土堆；保持苗床适宜湿度和温度；可在早晨或喷水，种皮潮湿软化后人工"摘帽"
3	子叶畸形	两片子叶大小不一，或子叶开裂，或真叶抱合、粘连，真叶不能正常展开	种子质量较差或低温下叶芽发育不良所致	精选、漂洗种子，剔除秕粒、残粒
4	高脚苗	下胚轴细长，叶柄长，叶片小，叶色浅，植株细弱	苗床高温高湿，光照不足，施氮过量	及时揭盖草苫和通风降温，出苗前苗床温度控制在30℃，出苗至第一片真叶展开前温度不宜超过25℃，同时严控浇水，增加光照，及时通风降温排湿

（续）

序号	问题	症状	原因	解决方法
5	沤根	部分根系变黄，甚至枯萎腐烂，无新生白根，叶片深绿而不舒展，严重者叶缘枯黄	土温低于10℃，湿度过大	苗床温度掌握在15℃以上，最低不能低于13℃，同时防止土壤湿度过大
6	易发猝倒病	幼苗根茎部组织腐烂缢缩，发生倒伏死亡	苗床土温较低，湿度大，光照弱，连阴天，通风不良	注意提高土壤温度，及时通风排湿。结合浇水喷淋72.2%霜霉威盐酸盐水剂800~1000倍液防治
7	小老苗	幼苗矮小，叶片小而厚，生长点颜色深绿。幼茎粗壮，生长缓慢，主根发黄，新生白根发生少	炼苗过早，土温过低或养分缺乏。连阴天、光照不足，加重症状	及时追肥，把握好揭盖膜时间
8	闪苗	叶片生理性脱水萎蔫	苗床内温湿度较高，骤放大风造成低温干燥环境引发闪苗	苗床放风应由小到大逐渐进行，使幼苗逐步适应
9	灼苗	生长点受高温强日灼伤，嫩茎叶失水萎蔫，严重者死亡	育苗后期由强日直射幼苗所致，苗床湿度较小时加重症状	注意通风降温，避免连阴天后幼苗突见强日照

二 夏秋季甜瓜常规育苗管理技术

夏秋天气的基本特点是高温多雨，光照强烈，气候变化剧烈，病虫害多发。因此，此期苗床管理的重点是通风降温，防雨遮阳，避免高温导致花芽分化不良，后期产生畸形果，并注意防治病虫害等。管理要点如下。

图5-7 幼苗"戴帽"出土

（1）选种与种子处理 该环

节参考冬春茬的处理。

（2）催芽 夏秋季节气温一般在30℃以上，适宜甜瓜发芽，因此可直接用湿棉纱、毛巾等包裹种子放于暗环境下催芽即可。一般催芽1天左右即可播种。

（3）播种 播前苗床或营养钵浇透水，不必覆盖薄膜保湿，一般播后40h左右幼苗出土。

（4）苗床管理 苗床在温室中应在昼夜打开顶部通风口的同时，将温室前沿农膜撩起通风，通风口加装30目防虫网。在塑料拱棚内育苗时，除顶部放风外，两侧农膜均应卷起，加大通风量（图5-8）。当日光过于强烈时，应于晴天10：00～15：00在棚室农膜上方加装60%遮阳网遮光降温或棚膜喷洒石灰水或白色涂料，如图5-9所示。有条件的地方可在温室前沿加装风机和湿帘及时降温（图5-10），并适当控制浇水，以防形成高脚苗。温室前沿出现雨水灌入时，应及时挖阻水沟，防止苗床灌雨水或雨淋。注意综合防控猝倒病、病毒病、蚜虫、螨类、斜纹夜蛾等病虫害。

图5-8 棚室通风口加装防虫网

图5-9 石灰水或遮阳网遮阴

图 5-10　湿帘和风机

（5）壮苗标准　夏秋季甜瓜宜小苗定植。苗龄 15 天左右，2～3
叶 1 心，苗高 10～15cm，茎粗 0.3～0.5cm，叶片深绿肥厚，无病虫
斑；根系洁白，主侧根发达，布满整个营养钵。

第二节　甜瓜穴盘基质育苗技术

穴盘基质育苗技术是工厂化育苗中的核心技术，具有基质材料
来源广泛、易防病、节肥、成苗率高等优点，目前已在设施蔬菜产
区得到广泛应用推广。

1. 穴盘选择

多选用规格化穴盘，制盘材料主要有聚苯乙烯或聚氨酯泡沫塑
料模塑和黑色聚氯乙烯吸塑 2 种。规格为长 54.4cm，宽 27.9cm，高
3.5～5.5cm。孔穴数有 50 孔、72 孔、98 孔、128 孔、200 孔、288
孔等规格。根据穴盘自身重量又可分为 130g 轻型穴盘、170g 普通穴
盘和 200g 以上重型穴盘 3 种。甜瓜育苗一般选择 72 孔穴盘即可，播
种南瓜砧木则需 50 孔穴盘，如图 5-11 所示。

2. 基质配方选择

生产上农户都是自育苗自用，因需苗量不大，可直接购买成品
基质，如图 5-12 所示。成品基质养分全面，育苗过程中一般无须补
肥。工厂化育苗基质需求量大，为节省成本，一般应自行配制混合
基质。

图 5-11　常见 72 孔和 50 孔穴盘

基质成分主要包括有机基质和无机基质两类。常见有机基质材料有草炭（泥炭）、锯末、木屑、炭化稻壳、秸秆发酵物等，生产上以草炭较为常用，效果最好。无机质主要有珍珠岩、蛭石、棉岩、炉渣等，其中以珍珠岩和蛭石应用较多。

图 5-12　市场成品育苗基质

常用混合基质配方有：①草炭:珍珠岩（蛭石）:秸秆发酵物（食用菌废弃培养料）= 1∶1∶1 或 1∶2∶1；②草炭:蛭石:珍珠岩 = 6∶(1~2)∶(2~3)；③草炭:炭化稻壳:蛭石 = 6∶3∶1；④草炭:蛭石:炉渣 = 3∶3∶4。选好基质材料后，按照配比进行混合。混合过程中每立方米混合基质掺入 1kg 三元复合肥或磷酸二铵、硝酸铵和硫酸钾各 0.5kg，可有效预防甜瓜苗期脱肥。同时每立方米基质拌入 50% 的多菌灵可湿性粉剂 200g 进行消毒，如图 5-13 所示。

图 5-13　基质混合和堆放

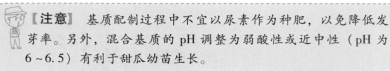

【注意】 基质配制过程中不宜以尿素作为种肥，以免降低发芽率。另外，混合基质的 pH 调整为弱酸性或近中性（pH 为 6~6.5）有利于甜瓜幼苗生长。

3. 装盘

基质装盘前以搅拌湿润为佳，此法幼苗出土整齐一致，不易"戴帽"。方法如下：先将基质盛于敞口容器中，加水搅拌至湿润（抓一把基质轻握以不滴水为宜）。然后将湿基质装盘，抹平（图 5-14）。

图 5-14　加水拌匀并装盘

4. 播种

播种前先用手指戳播种窝，如图 5-15 所示。每穴播种 1 粒，播深为种子长度的 1~1.5 倍（约 1cm），播后窝上覆盖干基质，然后用手掌轻压抹平。冬春茬播后 5~6 天，夏秋茬播后 2~3 天即可出苗，如图 5-16、图 5-17 所示。

图 5-15　戳播种窝

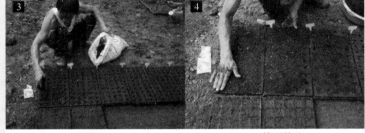

播种   基质过筛

撒基质   抹平基质

图 5-16　播种和覆盖基质

图 5-17　出苗

【注意】　基质装盘前应先过筛，除去基质土块，以防土块压苗造成弱苗。播后覆盖干基质，不可盖湿基质以免影响发芽。

5. 苗期管理技术要点

(1) 冬春茬育苗 冬春茬穴盘基质育苗的关键限制因子是低温和弱光，因此应在穴盘上方加盖小拱棚进行二次覆盖。同时，可采用每平方米功率110W远红外电热膜铺于地下2cm左右，然后将穴盘置于其上，通过温控仪调控小拱棚内白天温度为25～30℃，夜间温度为15～18℃，效果良好，如图5-18所示。并注意浇水水温一般应把握在20～25℃，不可用冷自来水直接浇灌，以免冷水激苗，浇水宜在早晚进行。

图5-18　远红外电热膜

【提示】 穴盘苗根系可通过渗水孔下扎至土壤中，应经常挪动穴盘位置，防止定植时伤根造成大缓苗。

(2) 高温季节育苗 高温季节水分蒸发量大，光照强烈，因此育苗管理上应坚持勤浇水的原则，保持上层基质湿润。同时，每个穴盘浇完水后应回浇穴盘边缘苗，以防边缘缺水形成小弱苗。出苗后控制浇水，防苗徒长。后期苗子需水量大增，若喷壶洒水似毛毛雨状不能满足需要，可在穴盘四周做简易畦埂，以水漫灌穴盘底部的方法解决。当中午阳光过于强烈时，可在棚膜上方外覆遮阳网遮阴降温。有条件的地方可安装风机和湿帘辅助降温。

【注意】 苗床或穴盘水分管理应保持最大持水量的70%～80%，土壤过干会促进雄花形成，造成"花打顶"。

第三节　甜瓜嫁接育苗技术

甜瓜的嫁接育苗可有效防控甜
瓜枯萎病、根腐病等土传病害，提
高其低温耐性，砧木吸收能力强等
有助于植株健壮丰产，在连作地块
效果尤为明显。嫁接方法主要有靠
接法、插接法和劈接法 3 种，前两
种方法较为常用。嫁接育苗主要包
括以下环节。

1. 砧木选择

与甜瓜接穗亲和力比较强的砧

图 5-19　南瓜砧木种子

木主要有南瓜、甜瓜共砧、冬瓜、瓠瓜等，以白籽南瓜和黑籽南瓜
较为常用，如图 5-19 所示。

> 【提示】　常用南瓜砧木有云南黑籽、白籽南瓜，美国黄籽南
> 瓜，甜瓜专用砧木新土佐等。

> 【禁忌】　若南瓜砧选择不当或嫁接组合不当时，可能导致植
> 株徒长、结瓜推迟、风味变差的现象发生，因此嫁接苗宜在枯
> 萎病多发的连作地块推广应用。另外，南瓜砧不宜嫁接网纹甜
> 瓜，易引发网纹变形、外观品质下降。

2. 确定播期

砧木和甜瓜接穗播期应根据砧木种类和嫁接方法确定，以确保
砧木嫁接适期与接穗嫁接适期相遇。一般而言，以南瓜作砧木，采
用靠接法则南瓜比接穗晚播 3～4 天，采用插接法南瓜比接穗早播
3～4 天。以瓠瓜作砧木，采用靠接法和插接法则南瓜分别比接穗晚
播 5～7 天或早播 5～7 天。可在苗床或穴盘中播种，苗床播种南瓜时
密度稍大以使其下胚轴细长，有利于嫁接操作。图 5-20 为播种白籽
南瓜时的场景。

图 5-20　播种白籽南瓜

3. 嫁接适期

靠接法嫁接适期是以接穗第一片真叶展开一半，砧木子叶完全展开、第一片真叶正要抽出时为宜。插接法嫁接适期为砧木子叶完全展开，接穗子叶刚刚展开（图 5-21、图 5-22）。嫁接时砧木和接穗的苗龄宜小不宜大，以免大苗髓腔形成后与接穗间不易产生愈伤组织而影响成活率。

图 5-21　靠接法待嫁接接穗　　　　图 5-22　插接法待嫁接接穗
（左图）和砧木（右图）

4. 嫁接前的准备

包括嫁接工具与场所。嫁接用切削工具主要有双面刮须刀片和竹签（铁针），接口固定物是小塑料平口夹和圆口夹（图 5-23），靠接法应用平口夹固定接口。其他还要准备 75% 酒精，用于消毒。提前准备营养钵和营养土。嫁接应在无风、相对湿度较

图 5-23　嫁接工具

高的棚室内或育苗专用温室内进行。

5. 嫁接方法

(1) 靠接法 此法在嫁接前期，接穗和砧木均应保留根系，易成活，便于操作，生产上应用较多。靠接法的操作步骤如下。

1）切砧木。用刀片削去南瓜真叶，在子叶下 1cm 处用刀片斜削一刀，斜度为 35°～45°，长度约 1cm，深度为下胚轴粗度的 2/5～1/2，以不达髓腔为宜。

2）切接穗。在接穗子叶下 1.2～1.5cm 处向上 45°斜切一刀，深度为胚轴直径的 1/2～2/3，长度与砧木切口一致。

3）插合与固定。右手拿接穗，左手拿砧木，将砧木和接穗切口嵌合，然后用平口夹将二者固定，此时砧木子叶和接穗子叶呈十字形。

4）嫁接结束后及时移栽入营养钵中，二者根系相距 1cm，以便后期接穗断根。接口应距钵内土面 2～3cm，以免水湿伤口或发生自根。

5）栽好后适量浇水，勿湿接口，之后覆盖小拱棚保温保湿，3～5天成活后方可揭膜。另外，温室棚膜上方应搭花苫遮阴。

6）7～10 天后伤口愈合，应及时切断接穗根部（图 5-24、图 5-25）。

【提示】 靠接法伤口愈合好、成活率高、成苗长势较旺、管理简单，但操作复杂，需投入较多劳力。

(2) 插接法 插接法为砧木不离土和接穗断根后嫁接，此法一次完成，操作简单，但操作不当时此法成活率稍低于靠接法。插接法的操作步骤如下。

1）切除生长点。用刀片切除南瓜真叶和生长点。

2）竹签制作。选择粗度与砧木直径相适应的竹签（直径略小于下胚轴），前端削尖、削平，使其横断面呈半圆形。

3）插孔。左手扶住砧木，右手持竹签从砧木一侧子叶着生处向另一侧子叶下方成 45°斜戳深为 0.7～1cm 的孔洞，以不戳破下胚轴为宜。竹签暂不拔出。

4）切削接穗。取接穗在其子叶下方 0.8～1cm 处用刀片沿胚轴上表皮倾斜向下削一刀，切至下胚轴直径的 2/3，切口长 0.6～

0.7cm，反转接穗，从切口对侧斜削将胚轴切成楔形。

5）插合。拔除砧木上竹签，立即将接穗向下轻轻插入砧木孔中，使其密合。此时接穗子叶与砧木子叶呈十字形或平行均可。嫁接结束后覆盖小拱棚保温保湿，温室棚膜上方应搭花苫遮阴，勿让水滴沾湿伤口。插接过程如图5-26所示。

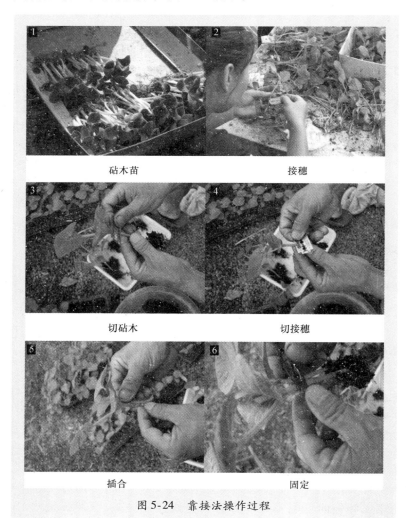

图5-24　靠接法操作过程

移栽入营养钵和苗床

浇水　　　　　　　　　搭建小拱棚

草苫遮阴　　　　　　　覆盖小拱棚膜

图 5-25　嫁接后的管理措施

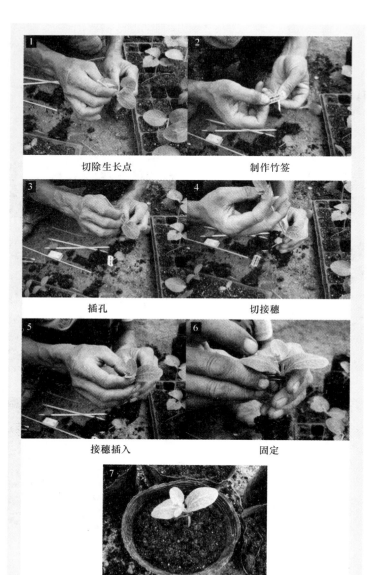

切除生长点　　　　　　　　制作竹签

插孔　　　　　　　　　　切接穗

接穗插入　　　　　　　　固定

移栽

图 5-26　插接过程

【注意】 插接法操作简单、功效较高，但接穗苗龄过大会影响成活率，生产上应予注意。

6. 机器人嫁接技术

人工嫁接甜瓜需要熟练该技术的工人，且效率较低，嫁接标准不一，在一定程度上限制了嫁接苗的推广应用。由中国农业大学发明的双向高速蔬菜嫁接机器人，对甜瓜苗的嫁接速度大于 850 棵/h，嫁接成功率大于 95%。与人工操作相比，机器人嫁接可使嫁接速度提高 30% 以上，具有很好的应用前景。机器人嫁接甜瓜如图 5-27 所示。

图 5-27 机器人嫁接甜瓜

7. 嫁接后管理技术要点

甜瓜嫁接后的苗床管理对于提高嫁接苗成活率非常重要，尤其最初 5 天的管理是否得当是成败的关键。应及时采取措施加强苗床温度、湿度、光照和通风等管理，以加快伤口愈合及促进幼苗生长。

（1）温度、湿度、光照管理 甜瓜嫁接后应在苗床架设小拱棚保温保湿，必要时增加远红外电热膜增温，同时温室棚膜上进行覆草苫遮阴、通风管理等，以防接穗失水凋萎，使其尽快适应嫁接后环境条件。嫁接 10 天后按照一般苗床进行管理。甜瓜嫁接苗苗床环境管理可参见表 5-8。

表 5-8　甜瓜嫁接苗苗床环境管理参考表

嫁接后天数	相对湿度	光　　照	温　度	气体
当天	100%	全天遮阴	昼 26～28℃ 夜 20～22℃	完全闭棚
1	100%	全天遮阴	昼 26～28℃ 夜 20～22℃	完全闭棚
2	90%	早 8：00 前，晚 6：00 后拉苫	昼 26～28℃ 夜 20～22℃	换气 1～2 次
3	85%	早 8：00 前，晚 6：00 后拉苫	昼 26～28℃ 夜 20～22℃	换气 1～2 次
4	85%	上午 9：00 前，傍晚 5：00 后见光	昼 20～25℃ 夜 10～15℃	换气 3～4 次
5	80%	上午 10：00 前，傍晚 5：00 后见光	昼 25℃ 夜 13℃	换气 3～4 次
6	75%	上午 10：00 前，傍晚 4：00 后见光	昼 25℃ 夜 13℃	开始放风
7	70%	上午 11：00 前，傍晚 4：00 后见光	昼 25℃ 夜 13℃	放风 3h
8	70%	上午 11：30 前，下午 3：00 后见光	昼 25℃ 夜 13℃	放风 5～6h

嫁接后天数	相对湿度	光照	温度	气体
9	70%	全天见光	昼30℃ 夜13℃	放风16h
10	70%	全天见光	昼20℃ 夜13℃	全天放风

（2）通风换气 嫁接3天后，每天揭小拱棚棚膜1~2次进行换气，5天后新叶开始生长，应逐渐加大通风量，10天后嫁接基本成活可恢复一般苗床管理。

（3）分级管理 因受亲和力、嫁接技术等多因素影响，嫁接苗可出现完全成活、不完全成活、假成活和未成活4种情况（表5-9）。管理上可先挑出未成活苗，其他临时不易区分的生长缓慢、不完全成活和假成活苗可放于温度和光照条件好的位置，以让生长缓慢苗逐渐赶上大苗，同时淘汰假成活苗。

表5-9　瓜类嫁接成活状况及原因

级别	成活状况	愈合部位结构	嫁接苗的生长类型
1	完全成活	纵向维管束系统结合1/2以上，形成愈伤组织	生长正常植株，包括发生不定芽的植株、接穗生根的植株
2	不完全成活	纵向维管束系统不完全结合，少数中心腔发根。发生不定根	生长不良的植株，停止生长植株，接穗发根植株
3	假成活	纵向维管束系统没有结合，中心腔发根	停止生长植株，假嫁接株，暂时嫁接株，再生长株，枯损株
4	未成活	未成活，结合部位异常	砧木再生芽株，接穗发根株，枯损株，枯死株

第五章　甜瓜育苗技术

（4）其他管理　嫁接 5～7 天后应及时摘除砧木萌发的不定芽。靠接法嫁接 10 天后，用刀片在嫁接口下 1cm 处切断接穗下胚轴，同时摘除砧木不定芽。嫁接后 15 天除去固定塑料夹。

8. 嫁接失败后的补救措施

甜瓜嫁接 5 天后及时检查嫁接苗成活率，将子叶完整尚可利用的砧木分类入畦，畦上小棚内加强降温排湿，叶片喷洒 70% 甲基硫菌灵可湿性粉剂 800 倍液防病。同时按照未成活苗数的 1.5 倍种量浸种催芽并播种，接穗种子出土后子叶刚展开时即可用于补接。补接过程时间仓促、接穗较小，因此宜采用劈接、贴接或芽接等方法进行嫁接。补接苗达到 3 叶 1 心时定植，苗龄一般比原嫁接苗晚 6～8 天，但比再播砧木重新嫁接苗早 10～12 天。

——第六章——
甜瓜小拱棚栽培技术

甜瓜小拱棚双膜（拱棚膜、地膜）栽培方式，可以有效避免晚霜危害，因而采用该种方式播种期比露地地膜覆盖栽培的可提前20天左右，具有一次性投资少、产量高、效益好、易于轮作等优点（图6-1）。

图6-1　甜瓜小拱棚栽培

第一节　甜瓜小拱棚栽培育苗与定植

一　品种选择

甜瓜小拱棚双膜栽培品种宜选择早熟、优质、耐低温弱光、耐高湿和抗病的薄皮甜瓜为主，如甜宝、火银瓜、白瓜王子、黄金道、

羊角蜜等。而厚皮甜瓜则因其喜高温、强光、干燥环境，但抗病性差，适应性不强，因而华北、华东、华南等环境湿润地区采用小拱棚栽培的宜选用生育期短、易坐果、早熟和抗病品种，如伊丽莎白、中甜1号、银铃等。

【注意】 生长期较长的网纹甜瓜不适于小拱棚栽培，生产上应予以注意。

二 培育壮苗

应根据当地气候特点确定播种期，一般华南地区为1~2月，华北地区为2月下旬，东北地区4月上旬播种育苗。苗龄30~35天，3~4片真叶展开时开始定植。移栽前1周，逐渐停止浇水，当苗床温度降至10~20℃时炼苗。

三 定植

1. 定植时期

当气温回升至10℃，棚内地膜下10cm土层地温稳定在15~18℃时即可定植。定植前10天左右提前扣好小拱棚提温。

2. 定植前的准备

（1）整地施肥 结合整地作畦，每亩施入农家肥5000kg、三元复合肥40~50kg或磷酸二铵20~40kg、过磷酸钙40~60kg、硫酸钾10~15kg。施肥时有机肥可普施，化肥应集中施入栽培畦（垄）地膜下。

（2）做畦（垄） 做畦（垄）因地区而异，华北、东北地区甜瓜生育期前干后涝，宜用平畦。华南地区潮湿多雨应以高垄或高畦为主。西北地区干旱少雨，应采用沟畦栽培。甜瓜常用的做畦和覆膜方式，如图6-2所示。

小拱棚栽培甜瓜的常用做畦规格如下：

1）平畦栽培畦面宽以1m为宜。

2）高垄单行栽培。栽培垄宽70cm，沟宽30cm，垄高10~15cm，每垄定植1行，垄上植株同向爬地生长。行距1m，株距30~40cm，每亩栽苗1600~1900株（图6-3）。

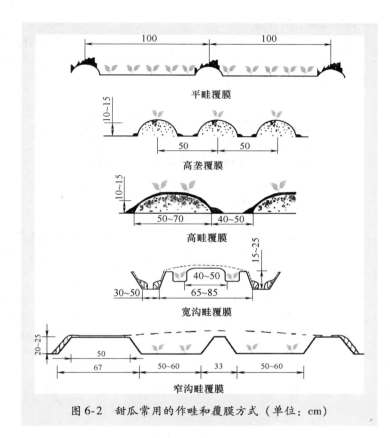

图 6-2　甜瓜常用的作畦和覆膜方式（单位：cm）

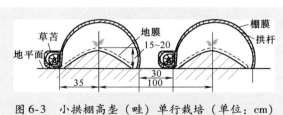

图 6-3　小拱棚高垄（畦）单行栽培（单位：cm）

　　高垄单行栽培的优点是苗子定植于垄中央，幼苗在拱棚内生长期较长，有利于发挥小拱棚保温、增温效果，并可实行小拱棚、简

易小拱棚和地膜 3 膜覆盖。

3）高畦双行栽培。将畦中央或两边刨沟作为水道，垄背两侧植株反向爬地生长，两行苗小行距为 30cm，大行距为 2 m，株距为 30 cm，每亩栽苗 1900 株左右（图 6-4）。

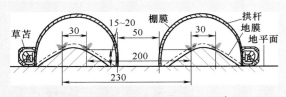

图 6-4　小拱棚高畦（垄）双行栽培（单位：cm）

高畦双行栽培可节省建棚投资，浇水方便，但不足之处是苗子处于棚两侧，易烤苗或受外界气温影响，伸蔓后棚内瓜苗拥挤，不易管理。

高畦双行栽培还可采用以下做畦方法：高畦畦面宽 30cm，沟宽 1.3m，畦高 10～12cm。1 畦 2 行，畦背两侧瓜苗反方向爬蔓。大行距 1.3m，小行距 70cm，株距 30cm，每亩栽苗 1600～1900 株（图 6-5）。做畦后及时覆盖地膜和扣棚，以提升地温。

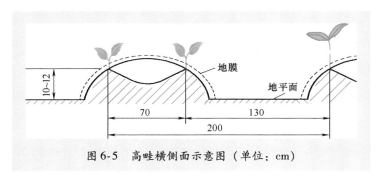

图 6-5　高畦横侧面示意图（单位：cm）

3. 定植

定植时将苗顺垄向摆好，之后将小拱棚一侧卷起按株距在垄上打孔定植，采用穴内点水栽苗。定植后及时扣好棚膜。以平畦栽培为例，演示小拱棚甜瓜定植过程（图 6-6）。

搭建小拱棚   定植

覆膜，并引苗出膜   扣棚膜

扣膜成功

图6-6　小拱棚甜瓜定植演示图

第二节　甜瓜小拱棚田间栽培管理技术

1. 温度、湿度管理

（1）温度管理　小拱棚的保温性能较差，棚内温度随环境变化

幅度较大。前期应侧重保温，中期合理控温，后期当气温升高后以放风降温为主。定植后 7～10 天一般不揭膜，棚内气温白天保持在 30℃ 左右，夜间不低于 20℃。为降低棚内湿度，可在晴天中午将棚南头膜揭开以通风降湿。伸蔓期适当降低棚温，白天维持在 25℃ 左右，最高温度不宜超过 35℃，夜间 15℃ 左右。伸蔓期后随外界气温回升，可逐渐揭开拱棚南北两头及两侧薄膜，使棚内空气流通。后期当外界气温稳定在 25℃ 以上时，将棚膜全部卷至拱棚顶部进行大通风，雨天放下遮雨。小拱棚甜瓜定植后适宜温度指标参考表 6-1。

表 6-1　小拱棚甜瓜定植后适宜温度指标

生 育 阶 段	白　　天	夜　　间
缓苗期	28～30℃	不低于 20℃
伸蔓期	25～30℃	不低于 15℃
开花坐果期	27～30℃	15～18℃
膨瓜期	28～30℃	不低于 15℃

【注意】①揭膜放风应由小至大逐步进行，不可突揭突盖，以防止闪苗和灼苗。②正常天气下，每天上午 9：00～10：00 开始通风，下午 4：00～5：00 关闭风口。③花果期最好不撤棚，而将棚膜卷至棚顶部，遇阴雨天时放膜，以防根系遭雨水淋灌染病。

（2）湿度管理　缓苗期尽量不放风，因保持适度高温高湿有利于缓苗。坐果前应控制浇水，通风降湿，严防徒长。膨瓜期浇水量要大，应及时通大风降湿。

2. 肥水管理

（1）浇水

1）定植后 3～4 天浇 1 次缓苗水。

2）根据实际墒情，在伸蔓期浇水 1 次。

3）当果实长至鸡蛋大小时开始浇膨瓜水 2～3 次，根据墒情每隔 5～7 天浇 1 次，保持土壤湿润。采收前 5～7 天停止浇水。

（2）施肥

1）伸蔓期随浇水冲施磷酸二铵、尿素或三元复合肥 10～15kg/

亩，适当补充硼等微量元素。

2）膨瓜期追施三元复合肥 20～30kg/亩、硫酸钾 10kg/亩和复合微生物肥 20kg/亩（图 6-7）。

3）为防止植株早衰，后期可叶面喷施商品叶面肥或 0.3% 磷酸二氢钾和 0.2% 尿素混合液，每 7～10 天喷 1 次，连喷 2～3 次。采收前 20 天停止追肥。

3. 植株调整

（1）薄皮甜瓜　薄皮甜瓜多采用 2～3 蔓整枝和多蔓整枝。

1）2～3 蔓整枝：当幼苗长至 3～5 片真叶时对主蔓摘心，选留 2～3 条健壮子蔓，其余摘除。引领子蔓向畦面均匀爬伸，在 7～8 节位子蔓摘心，留 4～5 个孙蔓结瓜，孙蔓各留 1 个瓜，瓜前 2～3 片叶摘心。不结瓜孙蔓留 2～3 片叶摘心作为营养枝。

图 6-7　甜瓜用复合微生物肥

2）多蔓整枝：适用于孙蔓结瓜品种。当主蔓有 4～6 片真叶时摘心，使其抽生 4～6 条子蔓，选留 3～4 条健壮子蔓，引领其均匀分布畦中。当 3～4 条子蔓长至 4～5 片叶时摘心，保留子蔓先端第三、第四条子蔓，全株最后保留 6 条健壮孙蔓。每条孙蔓留瓜 1 个，瓜前 2～3 片叶摘心，其余分枝全部摘除。

【提示】　①整枝应坚持前紧后松的原则，坐果前严格整枝、摘心，防止旺长，坐果后适当增加营养枝以防植株早衰。整枝应及时，一般每 2～3 天进行 1 次。②整枝应在晴天进行，忌在阴雨天或有露水时进行。③整枝宜和引蔓同时进行，一垄双行栽培的采用背靠背爬，单垄栽培的采用逐垄顺向爬。④整枝过程中兼顾掐须和打去底部老病叶。

（2）厚皮甜瓜　厚皮甜瓜多采用单蔓整枝和双蔓整枝，详见甜瓜大棚栽培技术一章。

4. 花果期管理

（1）人工授粉　在低温、阴雨、昆虫活动少、植株徒长等情况下应辅助人工授粉，详见甜瓜大棚栽培技术一章。

（2）选瓜和留瓜　当幼瓜长至鸡蛋大小时，选留符合本品种特征的幼瓜。单株留瓜数量应根据品种、种植密度、肥水条件、整枝方式、栽培形式等决定，一般厚皮甜瓜每株选留 1 ~ 2 个瓜，薄皮甜瓜每株选留 4 ~ 5 个瓜，多者可达 10 多个。

> 【提示】　选留幼瓜标准为幼瓜果形正常、子房肥大、果柄粗壮、色泽鲜嫩、果脐较小等。

（3）垫瓜、翻瓜和盖瓜　瓜定个后，每个瓜下边用稻草或麦秸垫瓜，以防瓜贴地产生黄褐色斑点或腐烂。为防止果面着色不匀，还需进行翻瓜，每次翻转 1/3 面，每 5 ~ 7 天翻 1 次，成熟前共翻 3 次。日照强烈地区，应用茎蔓、杂草遮盖果面，防止日灼。

5. 采收和储运技术

（1）采收

1）采收的原则。甜瓜成熟度与其商品品质密切相关。采收过早，果实糖分尚未完全转化，其甜度低，香味不足，且多具苦味。采收过晚，果实变软，甚至发酵，风味下降，不耐储运，食用价值降低。一般若当地销售甜瓜要适时采收，外销甜瓜可于成熟前 3 ~ 4 天、成熟度为八九成时采收。

2）判断甜瓜成熟度的标准。

① 雌花开放至成熟时间。一定的栽培环境和条件下，同一品种的成熟期基本相同。一般早熟品种从雌花开放到成熟需 35 ~ 40 天，中熟品种需 45 ~ 50 天，晚熟品种需 65 ~ 90 天。可采用挂牌记录开花坐果日期或插标志牌作为判断果实成熟度的依据。

> 【注意】　膨瓜期当光温条件较好时，可提早 2 ~ 3 天成熟，连续阴雨或低温寡照天气，则成熟期推迟。

② 果实外部形态特征。成熟甜瓜果实具有该品种固有的皮色、

花纹、条带、棱沟和网纹等，多数品种成熟时在果柄着生处形成离层。

③ 香味。有香味的品种，成熟时尤其是果脐部位会散发香味。

④ 硬度。成熟果实的胎座组织开始解离，果面富有弹性，瓜脐部分明显变软。

⑤ 植株特征。坐果节位卷须干枯，叶片失绿变黄。

3）采收时间和方法。采收一般在上午气温相对较低，瓜表面无露水时进行。采摘时用剪刀将果柄剪成 T 形，并可带 1 片绿叶，以利后熟。

（2）产品分级与包装

1）分级。我国尚无统一的甜瓜销售规格标准，产品一般分成特级、一级和二级 3 个标准。

2）包装。分为大包装和小包装两类。单个瓜可采用彩色泡沫网兜包装。大包装可根据生产和销售实际情况，采用纸盒箱、塑料泡沫箱等包装形式。

（3）预冷　可采用自然降温冷却、强制通风冷却、冷风库冷却等方法除去果实田间余热。

（4）其他采后处理　主要包括干燥处理和涂蜡等。

（5）运输　运输一般包括常温运输、保温运输和控温运输等。

——第七章——
甜瓜塑料大棚高效栽培技术

塑料大棚栽培甜瓜具有设施简单、投资相对较低、茬口安排灵活、效益显著等特点，近年来我国甜瓜产区大棚甜瓜栽培面积不断扩大，已经实现了一年三熟栽培（彩图2）。大棚甜瓜一年三熟栽培的关键是早春茬尽量早播早收，以为越夏栽培腾出时间，生产上可采取大棚＋小拱棚＋地膜覆盖＋保温幕帘＋草苫等多层覆盖措施。大棚甜瓜越夏栽培的关键是防高温引发苗期徒长、解决病虫害多发等问题，秋冬茬甜瓜则主要是防止前期高温徒长、病虫多发，后期低温不利于膨瓜等问题。此外，一年三熟栽培还应着重克服甜瓜连作重茬危害。甜瓜大棚栽培的茬口安排见表7-1。

表 7-1　甜瓜大棚栽培的茬口安排

茬 口	播 种 期	定 植 期	坐 果 期	收 获 期	全生育期
早春茬	1 月下旬~2月上旬	2 月下旬~3月中旬	3 月下旬~4月中旬	5 月中旬~6月上旬	140 天
越夏茬	4 月下旬	5 月中旬	6 月中旬	8 月上旬	90 天
秋延迟茬	7 月下旬	8 月中旬	9 月下旬	11 月下旬收获	125 天

第一节　塑料大棚甜瓜早春茬栽培技术

一　品种选择

塑料大棚早春茬甜瓜栽培品种宜选用株型紧凑、果形端正、糖度高、风味好、耐储运、抗病、耐低温弱光、有较高单瓜重和丰产性、具有不同熟性的软肉或脆肉品种。目前生产上常用的厚皮甜瓜品种有寿研1号、潍科2号、世农3800、金皇后、红冠玉、金辉、伊丽莎白、丰雷、巨冠、抗病2号甜瓜（网纹）、白斯特等。

二　甜瓜栽培用塑料大棚类型

华北地区甜瓜生产用塑料大棚主要包括竹木结构简易大棚和镀锌钢管拱架结构大棚两种，如图7-1所示。

图7-1　竹木结构大棚和镀锌钢管拱架结构大棚

三　茬口安排和播种期

华北地区塑料大棚甜瓜栽培茬口一般为早春茬，此茬口生产效益最好。塑料大棚内加地膜覆盖、小拱棚、二层保温膜（图7-2）等多层覆盖栽培的播种期一般为1月中旬~2月上旬，苗龄35天左右，收获期为5月上中旬~6月上旬。

为提高大棚设施利用率，还可在早春茬甜瓜收获后进行甜瓜越夏茬栽培和秋延迟茬栽培，即一年三茬。华北地区大棚越夏茬栽培播种期一般在4月下旬，5月中旬定植，8月上旬收获上市。秋延迟茬播种期一般在7月下旬，8月中旬定植，11月下旬收获。

图 7-2　大棚甜瓜

四　培育适龄壮苗

　　早春茬甜瓜育苗期恰逢低温季节，因此，在进行穴盘或营养钵育苗时应在大棚内添加小拱棚、远红外电热膜、电热线等保温、增温设施（图 7-3）。同时，注意增加光照，必要时可用高压钠灯或LED 灯进行补光（图 7-4）。

　　加盖小拱棚　　　　远红外电热膜加温　　　　电热线加温

图 7-3　育苗增温设施

　　播前可采用多菌灵等药剂或温汤浸种。播后苗前，苗床保持昼温 30℃ 左右，夜温 16～18℃；出苗后，苗床保持昼温 25℃ 左右，夜温 13～15℃；真叶抽出后，苗床保持昼温 25～30℃，夜温 15～18℃。不透明覆盖物尽量早揭晚盖，以延长光照时间。播后或苗期叶面喷 72.2% 霜霉威盐酸盐水剂 800 倍液或 30% 噁霉灵水济 1000 倍液等药剂预防苗期猝倒病、立枯病等。并结合苗情进行 1～2 次叶面追肥。

【小窍门】>>>>

对苗期猝倒病易感的甜瓜品种，可结合浇水，苗期喷淋
72.2%霜霉威盐酸盐水剂800倍液1~2次，预防效果良好。

定植前5~7天停止浇水，干旱炼苗。当幼苗3叶1心，苗龄40
天左右时定植。为预防枯萎病、蔓枯病、根结线虫病等土传病害，
可采用黑籽南瓜、白籽南瓜、瓠瓜、甜瓜专用砧木培育嫁接苗。白
籽南瓜砧木嫁接苗如图7-5所示。

图7-4　市场常用补光钠灯　　　图7-5　白籽南瓜砧木嫁接苗

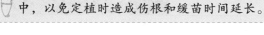【提示】　穴盘育苗期间应定期挪动穴盘位置防止根系下扎土
中，以免定植时造成伤根和缓苗时间延长。

五　整地、施肥

1. 精细整地，重施有机肥

定植前结合整地每亩施入充分腐熟的优质农家肥4000~5000kg
或者稻壳鸡粪或鸭粪3500~5000kg、磷酸二铵50kg、过磷酸钙65~
70 kg和硫酸钾50 kg。其中2/3的化肥在犁地前撒施，其余1/3施入
垄下。

【提示】　施肥一大片不如一条线，垄下施肥有助于提高肥效。
另外，甜瓜属于忌氯作物，钾肥不可选用氯化钾，以免造成瓜
离瓤、瓜打脸等现象，影响商品品质。

第七章
甜瓜塑料大棚高效栽培技术

2. 重茬地块土壤处理

同一地块一年内多茬种植或连年重茬种植甜瓜的大棚易引发枯萎病等土传病害，为克服甜瓜连作障碍，可考虑定植前大水漫灌、高温闷棚以及棚内铺施石灰稻草或石灰氮消毒灭菌。同时，在缓苗后每亩兑水冲施美国亚联生物菌肥（1号）2瓶＋2瓶激活液，有利于活化土壤，提高土壤养分利用效率。或者用沃益多生物菌肥灌根，每株15mL，每20天灌1次，共灌3次。

六 做垄（畦）

大棚厚皮甜瓜栽培宜采用高垄覆膜，膜下暗灌技术。南北向、大小行、吊蔓栽植，大行距80cm，小行距60cm，做成60cm宽的垄（垄上定植2行），垄间耧成浅沟。并提前扣好地膜，促地温升高，棚内地温达到12℃即可定植（图7-6）。

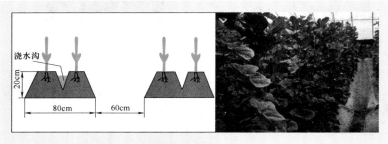

图7-6 高垄覆膜栽培

对于有水泥立柱的竹木结构简易大棚，可根据立柱间距进行平畦栽培（图7-7）。行距一般为60～80cm或根据立柱间距适当加大行距，株距40cm左右。

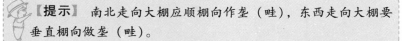

【提示】 南北走向大棚应顺棚向作垄（畦），东西走向大棚要垂直棚向做垄（畦）。

七 定植时期与方法

应选择晴天上午定植。定植前将定植沟内浇透水，可于每个定植窝内 12cm 处施充分腐熟的饼肥 100g 左右。采用水稳苗方法带土坨移栽，水下渗后封坨。每垄（畦）栽两行，株距 40cm 左右，吊蔓栽培每亩定植 2200 株左右。宽垄栽培的定植后地膜下灌暗水。定植缓苗期间，一般不通风维持较高棚温，以利于缓苗（图7-8）。

图 7-7　大拱棚平畦栽培图

图 7-8　甜瓜苗定植

八 田间管理技术

1. 温度管理

厚皮甜瓜植株发育的适温为白天 28 ~ 32℃，夜间 15 ~ 18℃，但不同的生育阶段对温度的要求不同。

（1）缓苗期 白天气温保持在 30 ~ 35℃，夜间 15 ~ 18℃。此期只在中午棚内温度达到 40℃时进行短时间高温通风换气，当棚内温度降至 30℃时停止放风，此法有利于壮秧，早出子蔓，早坐果，坐果快。早春茬甜瓜前、中期棚内温度低实际很难达到适温标准，因此在棚温管理上应采取棚上盖草苫、棚内加盖小拱棚、拉二层薄膜多层覆盖等措施加强保温、增温。

若遇连续雨雪低温天气，造成棚内温度过低，可考虑在棚内设置暖风炉、垄（畦）中间铺设远红外电热膜、空气电加热线或木炭升温火炉等进行临时性增温。

> **【提示】** 特殊天气下，甜瓜从定植到缓苗期间棚内温度短时间内不应低于 8 ~ 10℃，否则易发生冷害。

（2）开花期到膨瓜期 开花期保持白天棚内气温 25 ~ 30℃，夜间不低于 15℃，当棚温超过 30℃时，应揭开棚膜放风；放风时间在中午前和中午，要求打开放风口后，温度指标控制在适宜植株生长的范围内即可。放风应从大棚脊部或两侧高温部位放风，注意防止两侧基部放大风造成扫地风闪苗。

图 7-9 甜瓜伸蔓期长势

果实膨大期白天气温保持在 27 ~ 30℃，夜间温度 15 ~ 20℃，白天气温不宜超过 35℃，并应保持 13℃以上的昼夜温差。苗期至膨瓜期，因通风换气量少、换气时间短，可考虑进行二氧化碳施肥。甜瓜伸蔓期长势如图 7-9 所示。

（3）果实成熟期 白天气温保持在 25 ~ 35℃，夜温保持在 15℃

以上，昼夜温差保持在15℃左右，有利于糖分的积累，促进早熟。

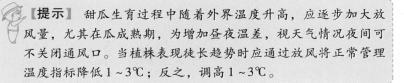

【提示】 甜瓜生育过程中随着外界温度升高，应逐步加大放风量，尤其在瓜成熟期，为增加昼夜温差，视天气情况夜间可不关闭通风口。当植株表现徒长趋势时应通过放风将正常管理温度指标降低1～3℃；反之，调高1～3℃。

2. 湿度管理

厚皮甜瓜膨瓜期和成熟期对空气湿度反应敏感，要求棚内空气相对湿度以50%～60%为宜，早春茬棚内湿度过大易引发植株徒长和灰霉病的发生。

常用降低棚内湿度的措施：一是提倡采用无滴膜和地膜覆盖、膜下暗灌技术；二是每次浇水后应视天气情况加大通风换气量。

【提示】 当棚内温度和湿度发生矛盾时，应以保持合理湿度为主。

3. 光照管理

塑料大棚内光照较露地的差，通常只有露地的60%～70%。光照不足常常是早春茬甜瓜栽培的重要限制因素。因此，应采取措施增加棚内光照强度和时间。常用方法：大棚膜和棚内二层覆盖膜均应选择无滴效果好、透光率高的EVA薄膜；保持棚膜清洁，减少尘埃污染；及时整枝打杈、打老叶、落蔓等使结果部位叶片处于良好的光照条件下。

4. 肥水管理

（1）**缓苗水** 定植时应浇透水，定植后7天左右再浇1次缓苗水。缓苗后至始花期，要控制浇水，调节好温、湿度和水分的关系。当植株开始留侧枝时应减少浇水进行蹲苗。蹲苗期间，土壤湿度维持在最大田间持水量的60%～70%。当蹲苗适当时，植株表现为茎粗、节短、叶繁茂、色深绿、花朵大。甜瓜蹲苗如图7-10所示。

（2）**花前肥水** 伸蔓期在及时整理枝蔓的同时，应浇透水1次，浇水要及时，切勿拖至盛花期而引起落花落果。

在土壤基础较好、基肥充足的情况下，伸蔓期之前可不追肥。如果出现脱肥症状，可每亩随水冲施水溶性三元复合肥 10～15kg。

（3）膨瓜肥水 果实膨大初期要重追膨瓜肥。一般每亩沟施或冲施尿素、硫酸钾各 12～15kg 和冲施宝冲施肥 25kg 或三元复合肥 25～35kg。膨瓜 20～30 天后，根据植株长势，喷施光合微肥或叶面微肥 1～2 次，可延缓后期叶片衰老，延长其功能期，提高品质。

图 7-10 甜瓜蹲苗

在大多数植株坐住瓜，瓜长至鸡蛋大小时进行疏瓜。疏瓜之后应结合膨瓜肥浇透膨瓜水促进果实迅速膨大，使土壤湿度保持在田间最大持水量的 70%～80%。进入成熟期应控制浇水，果实采收前 10 天左右停止浇水，以保证果实的甜度。

【注意】 低温期浇水应遵循"五浇五不浇"的浇水原则，即晴暖天浇水，阴冷天不浇；午前浇水，午后不浇；浇温水，忌浇冷水；要小水勤浇，忌大水漫灌；要浇暗水，不浇明水。

5. 植株调整、授粉、留瓜和吊瓜

（1）吊蔓、整枝 吊蔓的具体做法是在定植缓苗后从棚顶的横拉铁丝上拉吊绳，将瓜蔓吊起（图 7-11）。甜瓜棚室栽培多采用单蔓整枝或双蔓整枝方式，单蔓整枝有利于甜瓜早熟，生产上较为常用。

图 7-11 吊蔓

1）单蔓整枝。单蔓整枝可分为以母蔓或子蔓作主蔓单蔓整枝的两种方法。前者指母蔓前期不摘心，在一定节位子蔓上坐果，坐果子蔓后瓜前留 1～2 片叶摘心，其他子蔓全部摘除（图7-12）。如果大棚栽培的行距较大，除主蔓外，也可在主蔓基部留一个子蔓作为营养蔓，于 10 片叶左右摘心（图7-13）。后者指在母蔓长至 4～5 片真叶时摘心，促母蔓发生子蔓，选留一条健壮子蔓作为主蔓，其余的去掉，利用该子蔓发生的孙蔓坐果。

图 7-12　单蔓整枝和子蔓结瓜

图 7-13　主蔓基部另留一个营养蔓

2）双蔓整枝。在主蔓长至 4～5 片真叶时摘心，发出的 3～4 条子蔓长至 15cm 时选留 2 条强壮子蔓，其余 1～2 条从基部摘除。子蔓 8～10 节位的孙蔓结瓜，孙蔓留 2 叶摘心，双条子蔓长至 20～24 节时摘心。坐果后，坐果部位以上的 3～4 条孙蔓可留 3～4 片叶摘心，可以增加果实发育所需的营养，以延缓植株早衰。根据植株长势情况酌情抹去其他孙蔓萌芽。双蔓整枝较单蔓整枝果实成熟晚，熟期不集中，适于稀植或爬地栽培甜瓜。

> **【注意】** 整枝应在晴暖天气进行，阴天或早晨不宜整枝。为防植株早衰，坐果后主蔓或子蔓先端 1~2 条孙蔓可暂时任其生长。

（2）授粉 当侧蔓上的雌花开放时，于上午 9：00~11：00 人工对花授粉或采用熊蜂授粉促进坐果。应注意阴雨天气湿度较大时，花粉粒易吸水破裂，从而受精不良，因此晴天后应及时补授粉。也可用高效坐瓜灵（0.1% 吡效隆系列）于上午 9：30 之前或下午 3：00 之后均匀浸蘸瓜胎，一般每袋（5mL）兑水 1kg，具体可参照说明书。然后用手指弹去瓜胎下的药滴，防治药液分布不均产生畸形果。或者用小型喷雾器从瓜胎顶部对花及瓜胎均匀喷雾。生产上提倡人工对花授粉或熊蜂授粉，用植物生长调节剂处理瓜胎易产生苦味或畸形瓜（图 7-14）。

图 7-14　人工、熊蜂授粉和喷施坐瓜灵

【提示】 ①在人工授粉前后应防止露水滴入雌花柱头。②吡效隆宜在棚温 10~30 ℃ 时使用，并根据棚内温度调整浓度大小，高温环境下应适当降低施用浓度。③用调节剂处理瓜胎时应戴乳胶手套，并尽量注意勿将调节剂喷到瓜柄和叶片。

（3）留瓜　留瓜节位会因茬次和品种熟性不同而不同。早春茬早熟品种的留瓜节位一般在主蔓的 15~16 节位，中熟大果型宜在 16~17 节位，具体节位应参考品种说明。即主蔓前期侧蔓全部摘除，待长到留瓜节位时留侧蔓 2~3 条作为授粉节位，然后对有雌花的侧蔓留 1~2 片叶摘心，无雌花侧蔓应及早抹去。

图 7-15　抹侧蔓和掐卷须

定瓜后，再于留瓜节位向上的 10~12 节主蔓摘除生长点。主蔓摘心后应及时打去基部老、病、黄叶（图 7-15）。

【提示】 整枝打杈应在晴天无露水时进行，同时及时去掉卷须和雄花以减少养分消耗。

每株授粉坐果 2 个，按品质第一、产量第二的原则进行选留瓜。当坐果 5~10 天，瓜长到鸡蛋大小时选果形端正、果实较大的瓜留下，摘除其他小瓜和雌花，顺便把花痕部花瓣去掉，以减少病菌入侵。大果型品种每株一般只留 1 个瓜，小果型品种每株可留 2 个瓜，具体应视品种特性和生长情况而定。

【提示】 为减少喷施药剂对果实造成的不良影响，可根据瓜形及大小进行套袋处理。套袋可选择双层纸袋或聚乙烯薄塑料袋，纸袋透气性好、效果佳（图 7-16）。

第七章　甜瓜塑料大棚高效栽培技术

图 7-16　留瓜和套袋

（4）吊瓜　当瓜长至 250g 左右时，应用塑料网兜吊瓜或用塑料绳直接拴到果柄近果实部位将瓜吊起，吊瓜的高矮程度应尽量一致，以便于管理（图 7-17）。

6. 加强病虫害防治

厚皮甜瓜易发生的病害主要有白粉病、霜霉病、蔓枯病、细菌性角斑病等；虫害主要有蚜虫、白粉虱、斑潜蝇等，应及早预防。（详见第十二章甜瓜病虫害诊断与防治技术）

7. 采收

适收期宜根据授粉日期、品种熟性、棚室光温状况以及成熟果实的固有色泽、花纹、网纹、棱沟、脐部有无香味等判断。采收时应带一段果柄和 1 片叶，以便后熟。成熟甜瓜如图 7-18 所示。

图 7-17　网兜吊瓜

图 7-18　成熟甜瓜

第二节 塑料大棚甜瓜越夏茬栽培技术

大棚甜瓜越夏茬的整个生育期正值高温季节，苗期短、结瓜快、成熟早，由于生育期短、生长速度快、糖分积累少，其甜度比冬春茬和秋冬茬的低。另外，由于蚜虫、粉虱等害虫传播，易感病毒病，前期高温高湿苗期易徒长和患猝倒病，坐果后白粉病发生严重等。生产上应加强肥水管理，控制氮肥用量，增加果实含糖量。同时，加强降温措施，积极防控病虫害，适时进行采收。

1. 品种选择

选用抗湿、耐热、抗病及品质相对稳定、果形及果色符合当地市场需求的品种，如玉金香、金辉、寿研1号、潍科2号、金蜜、天密、鲁厚甜1号、郑甜2号等。

2. 育苗

采取穴盘基质育苗方法，重茬地块可采取嫁接育苗方法。种子经晒种、消毒、浸种和催芽后播种。夏季甜瓜生长速度快、生长期短，一般中早熟品种从播种到成熟需80天左右。因此，甜瓜越夏栽培播种期相对灵活。如为使甜瓜上市期在中秋节之前，则应距中秋节90天左右播种为宜。如果需尽早为秋冬茬腾茬，则可于四五月播种。播种宜在早晨或傍晚进行，随播随覆土，播后覆盖透气编织袋或麻袋等覆盖保墒。幼苗出土后及时除去覆盖物，可在苗床上架设60~70cm高简易小拱棚覆盖防虫网防虫。

越夏茬苗期温度较高，不宜过于控制水分，幼苗出齐后浇1次透水，以后视墒情每5~7天浇1次水。待第一片真叶展平后叶面喷施或随水浇灌72.2%霜霉威盐酸盐水剂800倍液防止苗期猝倒病、立枯病发生。定植前可用30%噁霉灵水剂600~800倍液蘸根处理以防重茬。

【提示】 越夏茬甜瓜苗期受高温影响，易发生徒长，表现为根系少而浅、茎秆细长、叶片薄而嫩。生产上必要时可叶面喷施助壮素、壮蔬6518或天达2110壮苗灵，并结合浇水、松土、培土以助壮苗。

3. 定植

大小行吊蔓栽培，一般大行距 80cm，小行距 60cm，株距 35cm 左右，起垄或平畦栽培均可。定植后浇足定植水。甜瓜缓苗后及时覆盖黑色农膜防草，有条件的地方也可在地面覆盖麦秸或稻草防草、保墒，并可降低地温，增强根系活力，防止早衰。整地施肥可参照早春茬进行。

【提示】 夏季栽培的甜瓜苗龄不宜过大，一般以 3~4 片真叶展开，苗龄为 12~15 天为宜。

4. 定植后的管理

（1）肥水管理 甜瓜定植缓苗后，可适当浇水以满足其营养生长，如果苗期徒长则应少浇水或不浇水适当蹲苗。在开花前期适当控水，防止徒长，促进坐果。果实膨大期恰处高温阶段，应加强水分管理，浇水要充分而均匀，不可漫灌积水，切勿忽干忽湿。在膨果初期，结合浇水每亩施复合肥 20kg、硫酸钾 10kg 或磷酸二铵 20kg。膨果中后期，每 4~5 天喷 1 次尿素、磷酸二氢钾或叶面肥，防止植株早衰，提高品质。在收获前 7~10 天不再浇水，同时加强通风，减少病害发生。

【提示】 根据实际墒情，甜瓜宜浇好三水：一是定植底墒水，水量宜大；二是瓜秧旺盛生长时浇足催蔓水；三是果实长至鸡蛋大小时浇灌膨瓜水。浇水均应在早晨或傍晚进行，幼苗期、开花期和果实成熟期一般不宜浇水或应少浇水。

 【小窍门】>>>>

越夏茬甜瓜苗期宜少追肥，可根据苗情每亩随水冲施磷酸二铵 10kg，以氮、磷肥为主；结果期应加大追肥力度，追肥以磷、钾肥为主。整个越夏茬甜瓜施肥应控制氮肥用量，后期控制浇水，及时采收可提高含糖量。

（2）光照、温度管理 该茬甜瓜绝大部分生育期处于高温、强光逆境，病虫害多发，因此应注意加强遮阴、降温和防虫。具体方法：当光照过强时，可于中午在大棚膜外覆盖遮光率为60%的遮阳网或在大棚膜上喷涂遮光涂料、石灰水等。高温季节可将大棚裙膜全部撩起以加大放风量，促使降温，仅留顶膜遮雨。同时，裙膜部位均应安装卡槽，以固定防虫网。

（3）吊蔓、整枝　夏季甜瓜生长迅速，蔓长至25～30cm时应及时吊蔓。采用麻绳或塑料绳吊蔓，如果为大放风时固定植株，可用绳子一头系一短竹棍或竹筷，竹棍斜插在甜瓜根系附近，另一端系在顶部钢丝上，使瓜蔓按一个方向缠在绳上，吊蔓时使生长点处于同一高度。

选择晴天进行单蔓整枝。主蔓上第13节以下的萌芽及早抹除，仅在主蔓基部留1条侧蔓作为营养蔓，10片叶左右摘心，主蔓第13～15节位坐果后，瓜前留1～2片叶摘心。当主蔓长至20～22片叶时，对主蔓进行摘心，促瓜迅速膨大。打顶后，对结果部位以上的侧蔓保留1～2片叶及早摘心或全部摘除。

> **【提示】**　越夏茬甜瓜整枝应坚持前紧后松的原则，后期根据植株长势可适当选留部分坐果节位以上的子蔓在摘心后作为营养枝，以防后期早衰。

（4）授粉、留瓜、吊瓜、采收　可参考第七章第一节塑料大棚甜瓜早春茬栽培技术。

（5）病虫害防治　甜瓜营养生长期抗性较强，开花坐果后抗性逐渐下降，易发生霜霉病、蔓枯病、白粉病、细菌性角斑病以及病毒病、叶枯病等，应及时预防。主要虫害有蚜虫、白粉虱、蓟马等，由于大棚具备塑料膜和防虫网，其他虫害发生相对较少，可以减少农药用量。

第三节　塑料大棚甜瓜秋延迟茬栽培技术

甜瓜秋延迟茬前期环境温度高，后期温度逐渐降低，外界环境变化与甜瓜生育所需要的环境条件相悖，因此该茬甜瓜在管理上前期同越夏茬，后期与冬春茬类似。其显著特点是苗期生长快、坐果期温度适中、易坐果、后期温度降低、膨瓜速度减慢、采摘期延长、

107

采摘后自然条件下储存时间长，因此可延长上市时间。

1. 品种选择

甜瓜秋延迟茬栽培前期高温多雨，苗期易发病毒病，后期温度偏低、日照时数减少，因此该茬应选择抗病毒病、低温下果实正常膨大以及耐储藏的品种，常用品种有状元、蜜世界、伊丽莎白、雪里红、秀玉 4 号、碧龙、台农 2 号、福斯特、白雪公主等。

2. 茬口安排

根据当地品种特性、气候条件、设施条件等，选择合适的播期。华北地区大棚秋延迟茬甜瓜一般以 7 月为播种适期，10 月上旬～11 月采收。若播种过早，市场价格较低；播种过迟，则果实品质较差，容易遭受寒害。

3. 培育壮苗

可在大棚内采用穴盘育苗或直播，大棚应安装防虫网，四周裙膜撩开通风，仅留顶部农膜遮雨。该茬甜瓜苗期应特别注意遮阴、避雨、通风、降温、防虫。具体管理措施如下。

（1）遮阴降温 夏秋温度高，水分蒸发快，适当遮阴可降低温度，减少水分蒸发，有利于培育壮苗。采用遮阳网遮阴要在晴天上午 10：00～下午 3：00 进行，阴天或早、晚光线弱时不要遮阴。定植前 3～5 天让秧苗多接受阳光直射，以免徒长。

【提示】 遮阳网应坚持白天盖、晚上揭；晴天盖、阴天揭；前中期盖、后期缩短覆盖时间或不盖，让苗见光锻炼。

（2）通风防病 通风可降低棚内温、湿度，既可防止幼苗徒长，又可减少病害发生。此期育苗的关键是防雨，遭雨淋或用雨水灌畦的幼苗易发枯萎病。所用薄膜一定要完整，以防止雨水从裙膜边灌入畦内。当苗床缺水时应适当喷水，以见干见湿为宜。苗期可叶面喷施 1～2 次 0.2% 尿素加 0.2% 磷酸二氢钾溶液，促幼苗健壮生长。结合浇水和通风管理，当温度过高时可在苗床周围做小土畦，内浇清水降温。

【提示】 此茬甜瓜苗期浇水应以早、晚喷淋为宜，不可漫灌或中午前后浇水。

（3）防治病虫 在夏末秋初，蚜虫、白粉虱、蓟马等害虫多发，不仅直接危害幼苗，而且能传播病毒病。因此苗期应喷施吡虫啉、吗啉胍·乙铜等 1 ~ 2 次防治害虫，预防病毒病和其他病害。同时对周围作物和杂草施药，以消灭附近病虫来源。防治虫害时可在药液中混入 300 倍的垦易肥一起喷洒，对培育壮苗、提高植株抗病力和品质有良好作用。移栽前 3 ~ 5 天可喷 1 次 83 增抗剂或植病灵，以防止苗期病毒病的发生。

4. 定植

（1）整地做畦 可采用平畦或高畦栽培，结合整地每亩施用腐熟农家肥 4000kg、三元复合肥 50kg、磷酸钙 50 ~ 75kg 作为基肥。定植缓苗后覆盖黑色农膜防草保墒。

（2）适期定植 当播种后 12 ~ 15 天，幼苗长至 2 ~ 3 叶 1 心时选择晴天下午或阴天定植，定植前可用 30% 噁霉灵水剂 600 倍液蘸根，定植后及时浇灌缓苗水。

【提示】 甜瓜夏季育苗，幼苗生长快，定植宜早不宜晚。若定植过晚，秧苗过大，定植时易伤根，且甜瓜新生根发生较慢，极易造成大缓苗，严重影响正常生长发育。种子成本不高的地区或种子芽率较高时可以考虑直播种植方式，以利于培育壮苗和田间管理，直播一般比穴盘育苗晚播种 5 ~ 10 天。甜瓜直播苗期长势如图 7-19 所示。

图 7-19　甜瓜直播苗期长势

旱甜瓜
高效栽培

（3）合理密植　甜瓜秋延迟茬栽培密度比早春茬稍稀为好。一般掌握早熟品种密度 1800～2000 株/亩，中熟品种 1700～1900 株/亩，晚熟品种 1700～1800 株/亩。

　　5. 定植后的管理

（1）肥水管理　定植缓苗后或直播的瓜苗 4 叶 1 心后营养生长加快，可根据田间瓜苗长势和叶色，在伸蔓期随水冲施速效氮肥 1 次，肥量可为尿素 7.5～10kg/亩或磷酸二铵 10～15kg/亩。当果实长至鸡蛋大小时追施膨瓜肥，可随水冲施三元复合肥 15～25kg/亩、生物菌肥 50kg/亩。果实膨大期追施钾肥，可以增加果实的甜度，增强植株对病毒病的抵抗力，一般以每亩随水冲施硫酸钾 5～10kg 为宜。果实膨大后期每 7～10 天叶面喷施 0.3% 磷酸二氢钾、0.1% 尿素溶液或叶面硅肥，以保持植株健壮，防止早衰。

　　本茬甜瓜苗期高温易发徒长，因此缓苗后应适当控水蹲苗。伸蔓期需水量较大，田间应及时浇水保持土壤水分充足，田间水分管理以见干见湿为宜，以利于花芽分化。开花坐果期要严格控水，防止植株生长过旺造成化瓜或不易坐果；花后 7～10 天，幼瓜长至鸡蛋大小后进入膨瓜期，此期为甜瓜需水量最大时期，应结合追肥浇灌大水，促果实膨大，此期水分管理应注意保持地面见湿不见干，如果土壤偏旱，可小水勤浇。果实定个后进入成熟期，应适当控制水分，保持土壤干燥，以防裂瓜。收获前 7～10 天停止浇水，以提高果实品质并控制裂瓜，必要时进行二氧化碳施肥。

> **【提示】**　秋延迟茬网纹甜瓜从开始出现网纹到网纹完全形成期间应减少浇水或不浇水，以免形成粗糙网纹，影响其美观和商品性。

（2）温、湿度管理　本茬甜瓜生育期前期气温较高，应将两边裙膜卷起通大风降温（卷起部位安装防虫网），必要时在中午覆盖遮阳网，尽量保持高温季节昼间棚内温度不超过 40℃。对比甜瓜伸蔓期适宜昼温为 25～30℃、夜温 16～18℃，结瓜期适宜昼温 27～30℃、夜温 15～18℃ 的指标，实际生产中前期温度管理很难达到适宜指标，只能尽量采取措施防止高温、强光伤害即可。进入 10 月后气温逐渐降低，应及时将棚膜盖好，霜降前后夜间棚温低于15℃时及时上草苫保温。上草苫后如果夜温高于20℃时可部分覆盖草苫，夜温低于15℃时遮盖全部草苫，保持昼夜温差15℃左右。进入11月气温较低时，应减少放风时间，加强覆盖保温，使极端低温下室温短时间内不低于7℃，否则易发生冷害。

湿度管理上，生育前期可结合昼夜通风降温、散湿，中后期可于中午通风散湿，尽量保持白天湿度60%、夜间湿度70%~80%。

（3）光照调节 甜瓜属典型的喜光作物，但秋延迟茬生育后期温度下降，日照时数的减少不利于膨瓜和果实成熟，因此应尽量改善棚内光照条件，延长光照时间。如在保持适宜夜温的条件下，尽量早揭晚盖草苫；晴天及时揭草苫，随时清扫薄膜表面的灰尘、碎草等；连阴天时只要棚内温度不是很低时，仍要揭开草苫，增加散射光。

（4）整枝、授粉、留瓜、采收及病虫害防治等 可参考第七章第一节塑料大棚甜瓜早春茬栽培技术。

第四节　塑料大棚甜瓜连作障碍克服技术

重茬病害（又称连作病害）是指因同一作物在同一地块长期耕种所带来的病害，包括因连作而导致的土壤营养物质不平衡等原因引起的生理性病害以及因病原菌发生严重而导致的病理性病害，一般瓜类作物连作3年以上即发生严重连作障碍。甜瓜为不耐连作作物，但棚室甜瓜生产因设施的固定性和栽培的高效性需经常连作，多者一年即连作3茬，常年连作易导致甜瓜病理性和生理性病害多发，产量和品质下降。尤其是土传病害枯萎病的发生易造成瓜类作物的大面积受害，甚至全田死亡。因此，在甜瓜棚室栽培上应采取多种技术措施克服重茬病害，以确保持续增产增收。

一　甜瓜重茬病害的产生原因

（1）病原微生物的传播和积累 连作土壤中土传性病原菌积累较多，特别是枯萎病菌等病源物的积累，容易发生病害。

（2）土壤矿物质营养元素缺乏 甜瓜连作对土壤氮、磷、钾等营养元素的不均衡消耗，易造成土壤必需矿物质营养含量降低和失去平衡，致使植株正常的生长发育因矿物质营养缺乏受到影响。

（3）土壤理化性质改变　常年连作可改变土壤耕层结构，造成土壤板结、酸化、盐渍化加重，土壤的理化性状恶化，不利于作物根系的正常生长。

（4）作物自毒作用　前茬甜瓜作物的残茬腐解物有利于病原微生物的生长和繁殖，从而加重了重茬病理性病害的发生和危害。此外，前茬瓜类根系产生的某些分泌物具有自毒性，能够抑制作物自身的生长。

二　棚室甜瓜重茬综合防控技术

1. 农业措施

（1）选用抗病品种　常用的抗病甜瓜品种有密世界、密雪华、台农 2 号和天蜜等，具体品种选择应根据当地市场及生产经验判断。

（2）嫁接育苗　甜瓜嫁接育苗是克服重茬病害的关键措施之一。一般采用与当地主栽甜瓜品种亲和力强的白籽南瓜、黑籽南瓜或印度南瓜等作砧木。也可选用抗病的普通甜瓜作砧木，对品质和风味无影响。具体嫁接方法参照第五章甜瓜育苗技术。

（3）轮作换茬　甜瓜忌连作，生产上应尽量与非瓜类作物轮作。在棚室越夏茬甜瓜栽培效益相对低的情况下，可考虑与糯玉米、甜玉米等禾本科经济作物轮作，其栽培效益良好。

（4）适当深耕　深耕宜打破犁底层，耕深 25cm 以上。生产上宜冬前深耕，若结合进行冬灌效果更好。

（5）配方施肥　在测土基础上根据甜瓜的养分需求规律合理配方施肥，适当增施微量元素。微量元素的补给是解决重茬栽培土壤矿物质营养含量降低和失去平衡的重要手段。甜瓜重茬栽培微量元素的参考施用量为硫酸铜 1kg/亩、硫酸亚铁 1kg/亩、硫酸锰 0.5kg/亩、硫酸锌 0.25～0.5kg/亩、硼砂 0.5kg/亩、钼酸铵 0.25～0.5kg/亩，移栽前随基肥施入或在开花结果期叶面喷施。

（6）增施有机肥　有机肥的肥效缓慢，但养分全面，甜瓜生产上提倡重施有机肥。一般地块可每亩施优质圈肥 5000kg、鸡粪 500kg（鸡粪须用辛硫磷喷拌，农膜覆盖堆放 7 天）或进行小麦、玉米或油菜等作物秸秆还田。秸秆还田可以有效改善土壤理化性状，减缓土壤次生盐渍化，增加土壤保肥蓄水能力，还能起到强化微生物相克的作用，对防止和抑制有害菌的发生效果很好。有条件的地区还可推广应用秸秆发酵堆技术。

(7) 精细管理　田间管理上应科学浇水、通风排湿、合理温度管理，采用高垄覆膜、膜下暗灌技术及合理整枝，及时摘除病叶、病果，清除杂草等。

(8) 推广有机生态型无土（有机基质无土）**栽培模式**　该栽培模式的显著特点在于植株生长发育完全与土壤隔离。有机基质无土栽培技术在棚室甜瓜生产上应用，能成功地排除甜瓜种植不能连作生产的障碍。

2. 物理防治

(1) 物理防虫　夏季利用防虫网防虫和遮阳网遮阴、降温。防虫，根据昆虫的趋黄性、趋蓝性和趋光性等特点，可在棚室内悬挂黄板、蓝板或黑光灯等诱杀成虫，以减轻病虫害传播的途径。

(2) 高温闷棚　定植前高温闷棚对霜霉病、白粉病、疫病等主要病害的病原菌有很好的杀灭作用。方法是：选晴天上午浇水后闭棚，待棚温达 $46 \sim 48℃$ 后，持续 2h，之后开始慢慢打开风口，闷棚后应加强水肥管理。

3. 化学防治

(1) 种苗处理

1）种子消毒。对可能带菌的种子必须进行种子消毒。播种前，先将种子在冷水中浸种 $3 \sim 4h$，然后在 $55℃$ 温水中浸种 15min；或在 $50℃$ 温水中浸 30min，然后冷却，晾干后拌入微肥进行播种；或采用 50% 多菌灵可湿性粉剂和 50% 福美霜可湿性粉剂各 1 份，加泥粉 3 份，混匀后，用种子重量的 0.1% 拌种。详细的种子消毒方法参见甜瓜育苗技术一章。

2）幼苗蘸根。瓜苗定植前用 30% 噁霉灵水剂 $600 \sim 800$ 倍液蘸根。

(2) 育苗基质消毒　已消毒育苗基质无须处理，育苗营养土则需播前消毒，具体方法参见第五章甜瓜育苗技术。

(3) 棚室消毒　可用 45% 百菌清烟剂、霜脲·锰锌烟剂或噁霜·锰锌烟剂 $250 \sim 350g/$ 亩，于傍晚闭棚后均匀点燃，第二天早晨放风排烟以杀灭病菌，每7~10天熏烟1次，连熏2~3次。也可在闷棚后采用10%敌敌畏烟熏剂、15%吡·敌畏烟熏剂、10%灭蚜烟熏剂或10%氰戊菊酯等烟熏剂300~500g/亩杀灭害虫，每7~10天熏烟1次，连熏2~3次。

（4）土壤处理　定植起垄前，对棚内土壤和棚面用30%噁霉灵水剂2000倍液或50%多菌灵可湿性粉剂500倍液加800倍液辛硫磷乳油喷洒地表和棚面，进行杀菌灭虫。或者每亩穴施50%多菌灵可湿性粉剂3~4kg，并与土拌匀。

（5）病虫害综合防治　棚室连作甜瓜生育期间病虫害防治应坚持"预防为主，综合防治"的植保方针，具体方法参照第十二章甜瓜病虫害诊断与防治技术。

4. 生物防治

（1）天敌防虫　可利用有益天敌草蛉、丽蚜小蜂、捕食螨等防治多种害虫。

（2）选用抗重茬剂　甜瓜田常用抗重茬剂有重茬1号、重茬EB、重茬灵、抗击重茬、CM亿安神力、泰宝抗茬宁以及"沃益多"生物菌剂等。甜瓜常用抗重茬剂作用特点与施用技术见表7-2。

表7-2　甜瓜常用抗重茬剂作用特点与施用技术

名　称	剂　型	作用特点	施用方法
重茬1号	微生物菌剂，集氮、磷、钾、微量元素活化为一体	抑制病菌，抗病害；活化养分，营养全面；疏松土壤，改善土壤环境；促根壮苗，提质增产	①拌种：种子清水浸湿，捞出控干后，将药剂撒在种子上拌匀，阴干后播种。②药剂拌土或拌肥均匀撒于种子沟或全田撒施。③灌根：药剂用水稀释后，将喷雾器去喷嘴灌根或随水冲施
重茬EB	纯生物制剂	含多种有益微生物，可疏松土壤，活化养分；抑制有害病菌，抗重茬，提高作物免疫力，使甜瓜少得或不得重茬病	每亩用2kg与细土拌匀后撒施

114

名　称	剂　型	作用特点	施用方法
重茬灵	生物叶面肥	内含多种有益活性菌群、脂类、糖类、抗生素及植物生长促进物质，兼有营养、抗病双重功效，一般能增产 30%	每亩用 100mL 兑水稀释成 800～1000 倍液叶面喷施，每 7～15 天喷 1 次，共喷 2～4 次。喷雾要均匀，以叶面有水滴为度
"沃益多"生物菌剂	纯生物制剂	产生多种活性酶类，可作用于根系，刺激根系分泌抗生素等大量代谢物和次生代谢物；可有效干扰根结线虫、真菌和细菌等土传病虫害的正常代谢；调节土壤 pH 趋中性；有利于土壤团粒结构形成和植物自身抗病机制增强	施用前，沃益多加营养液激活 3 天，用水稀释至 30kg，加适量甲壳素诱导。伸蔓期和坐果期随水冲施或将喷雾器去喷嘴灌根。具体用法参照说明书
抗击重茬	含微量元素型多功能微生物菌剂	活化土壤，改良品质；抑菌灭菌，解毒促生；平衡施肥，提高肥效；增强抗逆，助长促产	可作种肥或追肥，每亩用量为 1～2kg
泰宝抗茬宁	生物制剂	可杀菌抑菌，提高肥料利用率，调节土壤 pH，疏松土壤防板结，促进根系发育等	可用 0.25% 拌种、50∶1 土药混拌撒施或药剂 500 倍液灌根或冲施
CM 亿安神力	复合微生物制剂	可改善土壤理化性质，抑菌杀虫，提高作物光合作用等	①蘸根、浸种：用 100mL 亿安神力菌液加水 3kg（30 倍稀释）逐株蘸根，即蘸即栽。瓜种浸种则需 2～8h。②药剂 500 液灌根

第七章　甜瓜塑料大棚高效栽培技术

115

——第八章——
甜瓜日光温室栽培技术

日光温室栽培甜瓜具有茬口安排灵活、上市早，可以缓解北方鲜瓜果淡季供应、季节性差价大、经济效益好等特点，是近年来我国甜瓜设施栽培发展的重要方向（彩图3）。

根据甜瓜生产季节和不同茬口的经济效益差异，日光温室甜瓜栽培的适宜茬口包括冬春茬和秋冬茬两类。冬春茬一般在11月上旬~12月中旬播种，12月中旬~第二年2月上旬定植，第二年3月底~4月下旬采收。秋冬茬一般在8月中旬播种，8月底定植，11月中下旬~12月底采收。

第一节　日光温室甜瓜冬春茬栽培技术

一　品种选择

日光温室的一次性建设费用较高，保温效果良好，因此生产上宜选用品质好、经济效益较好的厚皮甜瓜品种。常见的温室栽培厚皮甜瓜品种参见第三章甜瓜优良品种介绍。

二　甜瓜栽培用日光温室类型

华北地区甜瓜生产用日光温室主要包括竹木结构简易温室和镀锌钢管拱架结构温室，如图8-1所示。

图 8-1　竹木结构简易温室和镀锌钢管拱架结构温室

三　栽培管理技术

1. 培育适龄壮苗

冬春茬一般在 11 月上旬 ~ 12 月中旬播种，12 月中旬 ~ 第二年 2 月上旬定植，3 月底 ~ 4 月下旬采收。

冬春茬甜瓜育苗和前期生育过程中存在低温、弱光、棚内湿度过大等环境限制因子，因此生产上应采用具有加温、调湿、补光的专业育苗棚室进行种苗培育。在普通日光温室内育苗也应采用电热温床或远红外膜光热温床加小拱棚的方法进行，必要时增设高压钠灯进行补光。当苗龄 30 ~ 35 天，3 ~ 4 片真叶时即可定植。详细参考第五章甜瓜育苗技术。

2. 定植前的准备

（1）土壤和棚室环境消毒　日光温室多属连作地块，应结合翻地每亩施入 20% 地菌灵可湿性粉剂、50% 多菌灵可湿性粉剂或 70% 甲基硫菌灵可湿性粉剂 3kg 灭菌杀虫。线虫发生地块应在翻地前撒施 10% 噻唑磷颗粒剂 2 ~ 5kg/亩或 5% 阿维菌素颗粒剂 3 ~ 5kg/亩防治。定植前 5 ~ 7 天傍晚时间每亩地点燃百菌清烟剂 200 ~ 250g 或硫黄 500g，然后闷棚，进行棚室环境消毒，定植前通风换气。

（2）整地和施肥　温室种植甜瓜因生育期较短，应提倡重施基肥和追施速效肥。每亩施入充分腐熟的优质农家肥 6000 ~ 7000kg 或者稻壳鸡粪或鸭粪 3500 ~ 5000kg、三元复合肥 60 ~ 100kg 或磷酸二铵（或尿素）50kg、过磷酸钙 60 ~ 70kg、硫酸钾 20kg。其中一半的化肥在犁地前撒施，其余的一半垄下条施。

（3）做垄（畦）　温室厚皮甜瓜栽培宜采用高垄覆膜，膜下暗灌技术。可在垄南北两端架设小铁丝矮拱架，拱架中央拉一条南北向细铁丝，然后上覆地膜，如图8-2所示。保温条件好的温室也可采用平畦栽培（图8-3）。

小高垄

高垄覆膜

图8-2　高垄栽培

图8-3　平畦栽培

　　南北向大小行栽植，大行距80cm，小行距60cm，做成60cm宽的垄（垄上定植2行），垄高20～25cm，垄间耧成浅沟。并提前扣好地膜，促地温升高，棚内10cm地温达到15℃时即可定植。

【提示】 冬春茬棚内地温较低，因此不宜采用黑地膜覆盖以免影响地温造成根系发育不良。同时，为减少棚内湿度和增加地温，生产上提倡温室内地膜全覆盖或操作行覆草。

（4）垄间铺设远红外电热膜 为防止甜瓜低温沤根，可在种植垄沟间垂直铺设 10cm 宽远红外电热膜，以功率每平方米 110W 为宜，此功率的远红外电热膜基本可以满足甜瓜整个寒冷季节根部夜温需求，效果良好。

（5）栽培垄下铺设秸秆发酵反应堆 温室定植垄下铺玉米或花生秸秆和秸秆反应堆专用菌肥后，玉米秸在分解过程中产生二氧化碳气肥和热量，可以有效提高地温，改善土壤理化结构，提高作物抗逆性，减少土传病害发生，甜瓜单产和含糖量增加显著，并可提前上市，因此生产上提倡秸秆反应堆发酵技术（图8-4）。

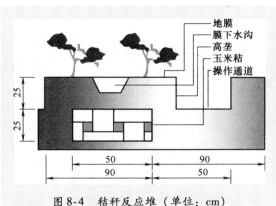

图 8-4　秸秆反应堆（单位：cm）

秸秆反应堆发酵技术要点如下。

1）反应材料：每亩温室需秸秆 4000kg 和菌种 8～10kg。将菌种均匀混入 25kg 麦麸中，加水均匀搅拌至手轻握不滴水为止。

2）操作步骤：在预定定植垄下开沟，宽 60cm，深 25～30cm。将玉米秸秆铺入沟中，踏实，厚度约为 30cm。将麦麸拌好的菌种均匀撒于秸秆上，轻拍秸秆，让菌种与下层秸秆均匀接触。然后在秸秆上方覆土 10cm，将覆土踏实后，保留畦埂，并顺沟浇透水。水完全渗下后，在反应堆位置上方修 60cm 宽双高垄，结合做垄条施化肥。然后覆盖地膜，覆膜 10～15 天后反应堆开始启动，选择"寒尾暖头"天气及时定植并打孔。定植后用 ϕ14mm 钢筋在垄上间隔 20cm 打孔，以穿透秸秆层为准，目的是通气散热（图 8-5）。

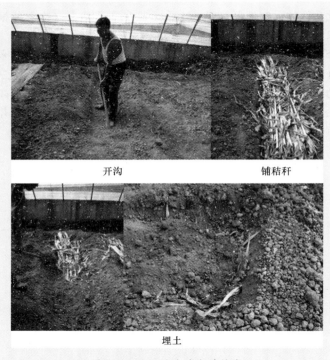

开沟　　　　　　　铺秸秆

埋土

图 8-5　秸秆反应堆发酵技术

（6）适时定植　当温室 10cm 土温稳定在 15℃以上时即可定植。定植需在晴暖天气 8：00～15：00 进行。定植株距按照品种不同一般为 35～50cm，单蔓整枝的可每亩留苗 2200 株左右，双蔓整枝的可适当稀植，每亩留苗 1600～1800 株。

（7）环境调控　冬春茬甜瓜前期正处于低温和一年中光照最弱季节，因此环境调控方面应以增温、保温和增光为主，前期管理上要少通风、晚通风、早盖苫，调节合理湿度，并采取措施应对连阴天等不良天气。

1）温度管理。定植后7~10天闭棚保温，白天气温控制在25~35℃，夜温15~20℃，早晨最低气温不能低于7℃，地温27℃左右。缓苗后白天温度控制在28~30℃，夜温15℃以上，地温23℃以上，高于30℃则需通风降温。开花授粉期白天温度控制在25~28℃，昼夜温差以10℃为宜。果实膨大期白天温度可增至30~35℃，夜温15~18℃，昼夜温差为13℃左右。

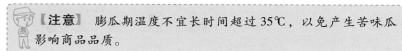

【注意】 膨瓜期温度不宜长时间超过35℃，以免产生苦味瓜影响商品品质。

甜瓜不同时期的温度要求和管理指标见表8-1。

表8-1　甜瓜不同时期的温度要求和管理指标

生 育 期	白天/℃	夜间/℃
出苗期	28~32	16~20
幼苗期	23~28	14~18
缓苗期	26~32	16~20
伸蔓期	22~32	15~20
开花期	25~30	15~18
膨瓜期	28~35	16~20
成熟期	28~32	15~18

① 温度调控主要通过揭盖保温被和通风进行。主要措施如下：

a. 上午阳光照射前屋面，揭苫后温度不下降时应及时揭苫换气、散湿。

b. 大风、雨雪、阴天等不良天气揭苫后温度明显下降时可不揭苫，但应在中午前后短时间揭盖草苫通风、降湿，并及时除雪。

c. 阴雨天连续5~7天骤然放晴，可采用揭晒"花苫"或"回头苫"方法防止植株失水萎蔫。

d. 应用卷帘机的温室，可先将草苫卷至温室棚膜中部，0.5h后再逐渐将草苫卷至顶部。

② 极寒天气下应采用辅助设施增温和保温。主要包括以下几方面：

a. 在种植垄沟内埋设远红外电热膜进行人工增温，可有效提升温度，防止甜瓜沤根。

b. 盖草苫或保温被后在其上再覆盖一层废旧"浮薄膜"，以防雨保温，如图8-6所示。

图8-6　浮薄膜

c. 缓苗期和伸蔓早期，在定植垄上加设小拱棚，拱棚内铺设地膜，地膜采取全地面覆盖。

d. 植株吊蔓后可在其上方适当位置拉设薄农膜作为二层保温幕，通过以上多层覆盖方法进行保温。

2）湿度管理。甜瓜生长的适宜相对湿度为50%~60%，开花坐果后，尤其膨瓜期对湿度要求严格。湿度过大易造成花期延迟，病害多发，品质下降。

主要的降湿措施如下：

① 采用无滴膜。

② 浇水后根据天气情况及时加大通气排湿量。

③ 进入膨瓜期应加大排气量。

④ 果实成熟期若气温适宜，可进行昼夜通风。

3）光照管理。日光温室在冬季光照条件较差，应采取措施增加室内光照强度和光照时间。主要措施如下：

① 采用无滴PVC膜或EVA膜作为透明覆盖材料，并经常保持膜面清洁。

② 在满足室内温度的情况下，草苫或保温被应尽量早揭晚盖，以延长透光时间。必要时，可采用沼气灯、高压钠灯或LED灯补光。

③ 保温条件好的温室还可在室内北墙增挂镀铝反光幕，以增加温室后部光照。

④ 采取室内全地面地膜覆盖、膜下暗灌、适时通风换气等措施降低室内湿度，减少光线衰减。

⑤ 及时打去老叶和不需要的侧蔓，并通过落蔓等改善冠层光照。

(8) 肥水管理

1）水分管理。

① 缓苗期。定植后 3~4 天浇缓苗水 1 次，土壤相对含水量保持在 80% 左右。

② 伸蔓期。伸蔓期随植株生长量的增加，应结合施肥浇 1 次伸蔓水，此期以促根控秧为主，水分不宜过多。

③ 开花前期。开花前如果土壤湿度适宜可不浇水，如果较干旱可浇花前水 1 次，以浇小水保持土壤湿润为宜。

④ 开花坐果期。此期应严控浇水，以防植株徒长，导致落花落果。

⑤ 膨瓜期。膨瓜期需水量较大，土壤相对含水量以 80%~85% 为宜。可根据土壤墒情在瓜长至鸡蛋大小，并已疏瓜后，每 10 天左右浇小水 1 次，共浇 2~4 次，以促果实膨大。果实采收前 7~10 天停止浇水。

⑥ 低温下浇水不当易导致土温降低，引发沤根或生理性干旱。冬春茬甜瓜在不同生长阶段的浇水时间和方法见表 8-2。

表 8-2　冬春茬甜瓜在不同生长阶段的浇水时间和方法

月　　份	浇水时间	浇水方法
2 月以前	晴天上午	浇小水，膜下暗灌，放小风
2 月以后	晴天上午	可浇大水，逐渐加大通风量
4 月后	晴天上午或傍晚	可浇大水，浇水后加大通风排湿量

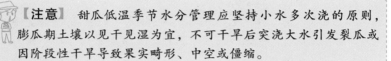
【注意】　甜瓜低温季节水分管理应坚持小水多次浇的原则，膨瓜期土壤以见干见湿为宜，不可干旱后突浇大水引发裂瓜或因阶段性干旱导致果实畸形、中空或僵缩。

2）施肥。日光温室甜瓜在施足基肥的基础上，可根据田间长势，在伸蔓期和膨瓜期进行 2～3 次追肥。伸蔓期可每亩追施三元复合肥 20kg，方法是结合浇水，将化肥溶解后冲施。膨瓜初期可结合浇水每亩冲施冲施宝生物菌肥 25kg 或每亩冲施尿素或磷酸二铵 10～15kg、硫酸钾 8～10kg。瓜定个后不宜再施用速效氮肥。果实膨大期还可喷施商品叶面肥或 0.3% 磷酸二氢钾溶液，每 5～7 天喷 1 次，连续喷 2～3 次。

3）施用二氧化碳气肥。二氧化碳（CO_2）是作物进行光合作用的重要原料。大气中的二氧化碳含量约为 300mg/kg，但日光温室在栽培前期温度较低，通风换气时间较短，因此，除夜间外，棚室内二氧化碳常处于亏缺状态，会影响甜瓜光合作用的正常进行和同化物的积累。人工施用二氧化碳气肥对甜瓜增产可起到一定作用。

当前，温室施用二氧化碳气肥技术主要有 4 种：①利用新鲜马粪发酵产生二氧化碳，一般每平方米堆放 5～6kg；②燃烧丙烷产生二氧化碳，每 600m² 棚室面积燃烧 1.2～1.5kg 丙烷可使棚室内二氧化碳含量提至 1.3mL/L，可根据棚室面积确定燃烧丙烷的量；③利用焦炭二氧化碳发生器，焦炭充分燃烧会释放二氧化碳；④最常用的方法是在塑料容器中放置浓盐酸和石灰石（碳酸钙）或者稀硫酸和碳酸氢钠，通过化学反应产生二氧化碳。

二氧化碳气肥的施用适期为甜瓜发育盛期，尤其以果实发育期应用效果较佳。在上午 10：00 植株光合作用接近最高点时施用，施用最佳含量为 1～1.5mL/L，通风前 30min 停止。如果遇阴雨天应停施二氧化碳气肥。

【注意】 在施用二氧化碳气肥的同时，应注意防止棚室内有害气体积累对植株生长造成损害。管理上应采取通风换气的方式，保持棚内气体新鲜。

甜瓜产量与叶片光合作用直接相关，叶片光合作用受棚室温度、光照、二氧化碳浓度等多种环境因素影响，单一因素改善未必显著增产。因此，采取二氧化碳施肥技术应在本地棚室内先行试验，确有增产效果后再推广。

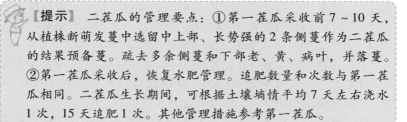

【提示】 二茬瓜的管理要点：①第一茬瓜采收前 7～10 天，从植株新萌发蔓中选留中上部、长势强的 2 条侧蔓作为二茬瓜的结果预备蔓。疏去多余侧蔓和下部老、黄、病叶，并落蔓。②第一茬瓜采收后，恢复水肥管理。追肥数量和次数与第一茬瓜相同。二茬瓜生长期间，可根据土壤墒情平均 7 天左右浇水 1 次，15 天追肥 1 次。其他管理措施参考第一茬瓜。

第二节 日光温室甜瓜秋冬茬栽培技术

秋冬茬甜瓜一般在 8 月中旬播种，8 月底定植，11 月中下旬～12 月底采收。此茬口甜瓜生育前期温光强烈，后期温度偏低，不利于甜瓜的正常发育，生产管理难度较大。在实际生产中应着重突出前期降温减光和防病虫，后期则应突出保温。

1. 品种选择

秋冬茬甜瓜应选择光温适应性好、抗病毒病的品种。如状元、金辉、丽妃、伊丽莎白、金立莎等厚皮甜瓜品种。

2. 培育壮苗

此茬口一般采取在塑料大棚或温室中穴盘育苗，管理上的关键措施有遮阴、降温、防雨和防病虫。具体方法参考第五章甜瓜育苗技术。

3. 定植

苗龄为 3 叶 1 心时即可定植。

4. 水肥管理

定植后 3～4 天浇缓苗水 1 次。伸蔓期结合浇水追施尿素 7～10kg/亩。膨瓜初期结合浇水追施复合肥或磷酸二铵 20kg/亩或冲施宝冲施肥 25kg/亩，之后每隔 10～15 天浇水 1 次，保持土壤湿润，切忌忽干忽湿。膨瓜期根据植株长相，可酌情喷施叶面肥或 0.2% 磷酸二氢钾溶液 2～3 次。采收前 7～10 天停止浇水。

5. 温度、光照和湿度管理

此茬口栽培前期温度较高，除利用温室顶部通风口通风外，温室前沿裙膜应适当卷起增加通风量，卷起部位加装 25 目防虫网。至 9 月中下旬室外夜温降至 15℃ 以下时，夜间应及时密闭棚膜。随天气转凉，温室内气温低于15℃时，可间隔覆盖草帘，使夜间棚温不超过20℃。当棚内气温低于13℃时，全部覆盖草帘或保温被。进入11月，视低温情况可在草苫或保温被上方增覆"浮薄膜"。

栽培前期温室可通过昼夜放风降低湿度，减少病害。9月中下旬夜间闭棚后，白天及时通风降湿，浇水后应通大风。进入10月下旬，在保证温度的条件下，尽量降低棚内湿度。

甜瓜属于喜光作物，本茬口栽培前期尽管光照较强，但一般不必采用遮阳网遮阴。10月下旬以后，冷空气较多，气温变化剧烈，应注意增加光照。

6. 其他管理措施

其他管理措施参见第七章甜瓜塑料大棚高效栽培技术。

—— 第九章 ——
棚室薄皮甜瓜栽培技术

薄皮甜瓜和厚皮甜瓜属于甜瓜的 2 个栽培亚种，栽培上具有相似之处，但二者的生育特性、环境适应性以及耐储运性等方面存在差异，因此其自然产区分布不同。薄皮甜瓜具有适应性强、生育期短、易于管理等优点，因此近年来我国露地栽培和棚室栽培薄皮甜瓜面积呈增加趋势。为适应生产需求，本书将薄皮甜瓜棚室栽培单列一章，以为生产实践提供参考。

第一节 薄皮甜瓜的生物学特征与品种类型

薄皮甜瓜又称东方甜瓜、香瓜、梨瓜，原产于中国、日本、朝鲜等国。我国是薄皮甜瓜起源地，种质资源较多，但以日本、韩国和中国台湾等国家和地区的种质创新与利用水平相对较高，选育品种的推广面积较大。

1. 植物学特性

薄皮甜瓜属葫芦科甜瓜属，为一年生蔓性草本植物，其根系浅而发达、生长较快，但容易木栓化，受伤后再生能力差。其移植缓苗慢，茎为蔓生，匍匐生长，组织较脆，容易折断，分枝性强，4~5 片叶摘心，叶腋内生有幼芽、卷须、雌花或雄花。叶片互生，大而多，五角心脏形，叶缘有锯齿或全缘，叶面有蜡粉，叶柄密生茸毛。

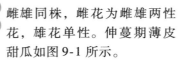

雌雄同株，雌花为雌雄两性花，雄花单性。伸蔓期薄皮甜瓜如图9-1所示。

图9-1　伸蔓期薄皮甜瓜

2. 薄皮甜瓜对环境条件的要求

（1）温度　薄皮甜瓜的发芽适温为 20~25℃，生育适温为 12~25℃，低于12℃、高于30℃的情况，均对其生长发育造成影响。

（2）水分　薄皮甜瓜是耐旱作物，对空气相对湿度的要求相对较低，一般保持在 50%~60% 即可。但对水分要求很严格：生育前期需水较少，若土壤过湿将严重影响植株的生长；甜瓜伸蔓期要求土壤水分适中，若土壤过干易延误植株的生长发育，达不到早熟的目的；在雌花开放到果实膨大期需要大量水分，此时若缺水则果实膨大慢、产量低、畸形果多。薄皮甜瓜不耐涝，当土壤水分过多时，往往会由于根系缺氧而导致植株死亡。所以，应选择透气性好、地势平整、不积水的田块种植。

（3）光照　薄皮甜瓜要求有充足的光照，正常发育要求每天日照时间 10h 以上。若光照不足，植株茎蔓细长，叶片薄，叶色浅，易徒长，雌花少，生育迟缓，果实着色不良，甜味和香味降低，果实品质差，且易发生病害。

（4）养分　薄皮甜瓜为喜钾作物，一般每生产1000kg 商品瓜需纯氮3kg、磷1.5kg、钾5.5kg。薄皮甜瓜各个生育时期对氮、磷、钾肥的需求不同，施用氮肥可促进茎叶生长和果实膨大，提高产量，但施用量过多，植株易徒长、晚熟、易发病；施用磷肥可促根系发达，植株健壮；施用钾肥可提高品质、增加甜度、提高抗病性。因此，幼苗期、伸蔓期的需氮量最大，开花坐果后需钾量逐渐增多，果实膨大期达到最高峰。可根据不同生育时期对氮、磷、钾肥的不同需求，调节各元素的供应比例，促使甜瓜生产夺得高产。

（5）土壤　薄皮甜瓜适应性广，较耐粗放管理，北至东北三省，南至广东、云南等省区均有栽培。其对土壤的要求不高，在 pH 为 6.0~8.5

的土地上都可种植，pH 较高的地块种植产量较低，但口感较好。

3. 品种类型

各地因种植和消费习惯不同，我国薄皮甜瓜品种的资源类型较多。从颜色上可分为绿皮绿肉绿瓤、白皮绿肉绿瓤、白皮白肉白瓤、白皮红肉红瓤、花皮绿肉红瓤、灰皮绿肉绿瓤等类型；从形状上可分为梨形、扁圆形、高圆形、长条形等；从风味上可分为浓香型、清香型、淡雅型等类型。代表品种有京都雪宝、翠宝、甜宝、白瓜王子、银瓜、八里香、羊角蜜等。

第二节　薄皮甜瓜小拱棚双膜覆盖栽培技术要点

薄皮甜瓜小拱棚加地膜双膜覆盖栽培模式是目前我国薄皮甜瓜产区主要推广的一种栽培模式，具有成本低、经济效益高、便于管理、容易搬迁倒茬等优点，此项技术可使薄皮甜瓜的成熟期比露地直播栽培提早 35~45 天，比单层覆盖地膜提早 15~20 天，由于上市早、品质好、价格高，所以经济效益可观。

1. 品种选择

各地应结合当地市场需求和消费习惯，选择优质、高产、抗病性强的品种，如白沙蜜、龙甜 1 号、齐甜 1 号、齐甜 2 号、龙甜 3 号、龙甜 4 号、羊角蜜、铁把青、白瓜王子、黄金道、红城 5 号等。

2. 培育适龄壮苗

各地薄皮甜瓜早春茬栽培，一般在 2 月下旬~3 月下旬育苗，应采用保温性能较好的阳畦或大棚育苗，播前进行浸种、催芽。一般当苗龄 35~40 天，3~4 片真叶时定植。具体育苗方法参照第五章甜瓜育苗技术。

【注意】　育苗过程忌苗床温度过高，尤其夜温过高会延迟部分品种花芽分化，导致子蔓无雌花或雌花发生较少。

3. 定植

（1）定植前的准备

1）整地、施肥。结合整地每亩施优质有机肥 5000~8000kg、磷酸二铵 30kg 和硫酸钾 30kg，上述肥料的 2/3 撒施，1/3 施于定植畦。

2）做畦、扣棚。施肥后深翻耙平，做成大小畦，大畦宽 170cm，小畦宽 60cm。在小畦内施入剩下的 1/3 肥料，将土肥掺匀后耙平。提前 10 天架设棚提温，准备定植。

（2）适期定植　棚内 10cm 地温稳定在 13℃ 以上时即可定植。定植株距 30cm 左右，每亩定植 900 ~ 1000 株。定植后及时浇水，覆盖地膜，并盖好棚膜。随气温回升，5 月末 6 月初可将小拱棚棚膜卷起，仅在下雨时遮盖。

4. 定植后管理

（1）开花前温度、湿度、水肥管理　定植后盖严棚膜，一般不通风，白天棚温控制在 25 ~ 30℃，夜间 13 ~ 18℃。缓苗后适当通风，白天棚温控制在 22 ~ 28℃，夜间 12 ~ 16℃，白天温度达到 20℃ 以上时，可揭开棚膜通风散湿，傍晚盖好。伸蔓期随浇水冲施磷酸二铵、尿素或三元复合肥 10 ~ 15kg/亩，适当补充硼等微量元素。

（2）开花结果期管理　后期随气温回升和浇水量加大，应加大放风力度，及时散湿防病，当夜间最低温度稳定在 18℃ 以上时昼夜卷起小拱棚棚膜。膨瓜期随水追施三元复合肥 20 ~ 30kg/亩、硫酸钾 10kg/亩和复合微生物肥 20kg/亩。

详细的水肥管理措施可参考第六章甜瓜小拱棚栽培技术。

5. 整枝、摘心

双膜覆盖早春茬甜瓜一般采用平地爬蔓栽培。薄皮甜瓜的整枝原则：主蔓结瓜早的品种，可不用整枝；主蔓开花迟而侧蔓结果早的品种，多利用侧蔓结果，应将主蔓及早摘心；主、侧蔓结果均迟，利用孙蔓结果的品种则主蔓、侧蔓均摘心，促发孙蔓结果。其整枝方式应根据品种的特性及栽培目的而定。

（1）双蔓整枝　用于子蔓结果的品种。在主蔓有 4 ~ 5 片真叶时打顶摘心，选留上部 2 条健壮子蔓，垂直拉向瓜沟两侧，其余子蔓疏除。随着子蔓和孙蔓的生长，保留有瓜孙蔓，疏除无瓜孙蔓，每个孙蔓上只留一个瓜，留 2 ~ 3 片叶子摘心。也可采用在幼苗 2 片真叶时掐尖，促使 2 片真叶的叶腋抽生子蔓，选好 2 条子蔓引向瓜沟两侧，不再摘心去杈，任其结果。

（2）多蔓整枝　用于孙蔓结果的品种。在主蔓有 4 ~ 6 片叶时摘心，选留上部较好的 3 ~ 4 条子蔓，分别引向瓜沟的不同方向，并留有瓜孙蔓，除去无瓜孙蔓。若孙蔓化瓜，可对其摘心，促使其孙蔓结果。单株可留瓜 4 ~ 6 个。

（3）单蔓整枝　主要用于主蔓结果的品种。在主蔓有 5 ~ 6 片叶时摘心或不摘心，放任其结果，主蔓基部可坐果 3 ~ 5 个，以后子蔓也可陆续结果。

6. 其他管理措施

该茬其他管理措施可参见第六章甜瓜小拱棚栽培技术。

> **【注意】**　薄皮甜瓜对硫敏感，硫黄悬浮剂以及含硫的复配性杀菌剂容易对薄皮甜瓜叶片造成药害，应慎重施用。

第三节　薄皮甜瓜大拱棚栽培技术要点

1. 品种选择及茬口安排

薄皮甜瓜大拱棚栽培常见茬口包括早春茬、越夏茬、秋延迟茬等。早春茬栽培效益最佳，生产上应选择耐低温、耐弱光照、早熟、高产优质、抗病性强的品种，如日本甜宝、丰城 10 号等。

2. 培育壮苗

大拱棚早春茬甜瓜 2 月下旬 ~ 3 月上旬播种，3 月下旬 ~ 4 月初定植。育苗技术参照第五章甜瓜育苗技术。

3. 定植

（1）定植前的准备　深翻土壤 30 ~ 40cm，整平整细作高畦。结合整地每亩施土杂肥 5000kg 或厩肥 2000 ~ 3000kg、尿素 10 ~ 15kg、过磷酸钙 25kg 和硫酸钾 20 ~ 25kg 作基肥。

（2）定植　提前 10 ~ 15 天扣棚提高地温，采用高垄或平畦栽培。4 月初按 70cm 开沟作垄，垄宽 50cm、高 5cm，株距 50cm，每亩栽植密度为 1800 ~ 2000 株。定植后铺设黑色地膜提温防草，定植畦上搭设小拱棚，必要时在大拱棚内植株上方拉设薄膜作为保温幕帘。定植过程如图 9-2 所示。

整地　　　　挖定植窝　　　　栽苗

浇水　　　　　　拉膜

固定农膜　　　　引苗出膜

覆膜结束

图9-2　薄皮甜瓜定植图

4. 定植后管理

（1）温、湿度管理　甜瓜生育的适宜温度为 25～30℃。定植时白天棚温保持 25～32℃，夜间不低于 15℃；缓苗后白天 24～30℃，夜间不低于12℃；坐果后白天28～32℃，夜间不低于16℃；当温度高时通风降温、排湿，保持湿度60%～70%。小拱棚日揭夜盖，草苫要及时揭盖，以延长光照时间。瓜成熟前10～15天加大通风量，增加昼夜温差，以提高甜瓜的品质。

（2）**肥水管理**　薄皮甜瓜浇水的原则是"以控为主，不旱不浇水"。定植时浇足水，定植后5～6天浇小水缓苗。开花前一般不浇水，防徒长、落花落果。当瓜长至鸡蛋大小时，可随水冲施三元复合肥20kg/亩、尿素10～15kg/亩和硫酸钾10kg/亩。瓜膨大期需水量大，应加强浇水，并可喷施叶面微肥防植株早衰。采收前7～10天停止浇水，提高甜瓜糖度、防裂瓜。

（3）**吊蔓、整枝**　当幼苗长至6～7片叶时进行绑蔓、吊蔓。整枝时去掉主蔓4片叶以下的子蔓，留5～9节抽出的子蔓坐果，瓜前留1叶摘心，并摘除茎上全部生长点，选留3～4个瓜。一般第10～20节不留瓜，主蔓长至25～30片叶摘心，以促瓜控秧。第一茬瓜长至鸡蛋大小时，上部节位着生子蔓坐果后选留第二茬瓜2～3个，不留瓜的子蔓及早摘除。整枝、摘心应在晴天进行，喷施农用链霉素防止伤口感染，整枝摘下的茎叶应清除并带出棚室，及时打掉老叶、病叶。绑蔓、掐须，如图9-3所示。

图9-3　绑蔓、掐须

【注意】　留第二茬瓜时应及时落蔓，以便于农事操作，并使植株生长点高度一致。

（4）套袋管理

1）疏瓜。套袋前需根据植株长势进行疏瓜、保瓜，通常第一茬瓜可保留 3~4 个，第 2~3 茬瓜可选择保留 2~3 个。疏掉裂瓜、弱瓜和畸形瓜，套袋前 3 天对瓜胎和植株喷洒杀菌剂。

2）套袋。首先，根据种植规格准备好纸袋，将其分为 2 层，里层设置遮光纸，外层设置防水纸。套袋时间一般为上午 9：00 后，在温室棚内甜瓜未产生水膜时套袋，选用专用套袋纸从其下端朝上套，至瓜柄部位，并将袋口封闭严实。其次，在完成套袋操作后，为保障甜瓜能够积累足够的糖分，必须严格保持棚内白天温度在 30℃ 左右，夜间温度超过 12℃，并酌情予以浇水、施肥处理。为防止裂瓜，一般在瓜果成熟 10 天前停止浇水。在成熟前 7 天内进行脱袋操作，以保障糖分积累。此外，还需提高甜瓜果皮的储藏与运输水平，保证甜瓜的商品性。

（5）富硒甜瓜生产技术要点

1）硒元素对人体的作用。硒是人体必需的微量营养元素，是部分重金属元素的天然解毒剂，能有效提高人体免疫机能，对防癌、抗癌能发挥重要作用。

2）富硒甜瓜标准。在甜瓜生产过程中，通过硒制剂的施用，使新鲜甜瓜果实的硒标准含量符合中国营养学会推荐的富硒水果最低含硒量指标（高于 $10\mu g/kg$）和国家《食品中污染物限量》（GB 2762—2005）中水果含硒最高限量的规定（低于 $50\mu g/kg$）。

3）喷施硒肥。生产富硒甜瓜，可选用硒元素含量不低于 1.5% 的有机硒叶面肥进行喷施，如"瓜果型锌硒葆"等。于甜瓜开花授粉后第 3~5 天开始喷施，每隔 7~10 天喷 1 次，共喷 2~3 次。一般有机硒叶面肥喷施浓度为 1000 倍液，即每 15kg 水中加硒肥原液 15mL，每亩喷施药液 30kg；若有不同，以产品说明为准。一般在甜瓜茎叶旺盛生长期、开花期和果实膨大期分别施硒肥 1 次。喷施应在清晨和傍晚温度较低时进行，高温下不宜喷施；硒肥可与酸性、中性农药配施，但不宜与碱性农药混合施用。施硒后 4h 之内遇大雨冲洗，应补施 1 次。采收前 20 天停止施硒。新鲜甜瓜果实硒标准含量为 $10~50\mu g/kg$。

【提示】 "瓜果型锌硒葆"的施用方法：硒肥21g，加卜内特5mL或好湿1.5mL，兑水15L，均匀喷施至叶面和幼瓜表面，以不滴水为度。

4）根施硒肥。生产上还可结合施肥根施纳米硒植物营养液，通过甜瓜光合作用将纳米硒吸收并转化为安全的生物有机硒，有机转化率可达80%以上。

(6) 其他管理措施 可参照第七章甜瓜塑料大棚高效栽培技术。

【提示】 薄皮甜瓜不耐储运，应适时采收。成熟薄皮甜瓜特征：一是色泽鲜艳；二是果脐部变软；三是有香味；四是果柄脱蒂。如果甜瓜外销远运，应七八成熟时采收；如果甜瓜就地上市，可九十成熟时采收。

第四节　薄皮甜瓜日光温室栽培技术要点

1. 品种选择及茬口安排

薄皮甜瓜日光温室栽培常见茬口有冬春茬、早春茬、越夏茬和秋冬茬等。以早春茬栽培效益最好，生产上应选择早熟高产、品质好、抗逆性强、适销对路的优良品种，如永甜2030、日本甜宝等。

2. 培育壮苗

11月上旬~12月中旬播种，12月中旬~第二年2月上旬定植。育苗技术参照第五章甜瓜育苗技术。

3. 定植

1）整地施肥。用高垄覆膜栽培，结合整地每亩施入农家肥5000kg、磷酸二铵50kg、硫酸钾25kg和过磷酸钙50kg。

2）定植。棚内10cm地温稳定在15℃以上时选择晴天定植。

4. 定植后的管理

1）温度、湿度调节。定植初期密闭保温，促进缓苗。当缓苗后超过35℃时放风排湿，低于25℃时关闭风口，午后低于20℃时放下草帘，尽量保持夜间温度不低于15℃。

2）光照调节。每天揭草帘后擦净屋面薄膜，争取多透入些阳光，可在温室北墙张挂反光幕，增加光照，提高地温和气温。

3）肥水管理。从定植到成熟，至少需浇定植水、促蔓水、催瓜水。定植水要浇足，缓苗期到抽蔓期无须浇水。在茎蔓开始伸长时浇促蔓水，结合浇水冲施尿素或磷酸二铵 10 ~ 15kg/亩。然后控制浇水进行"蹲瓜"，坐果后共需浇水 3 ~ 5 次，促瓜迅速膨大。每次结合浇水冲施高钾型复合水溶肥 7.5 ~ 10.0kg/亩。

4）吊蔓、整枝。当甜瓜有 6 ~ 7 片叶展开时吊蔓，吊蔓时可作 S 形弯曲调节植株高度，使主茎生长点处于南低北高的一条斜线上，有助于改善群体透光条件。可采用双蔓整枝：在主蔓摘心后，选留两条子蔓，每条子蔓留 2 ~ 3 个瓜，在 25 ~ 30 节摘心。

5. 其他管理措施

其他管理措施详细参见第八章甜瓜日光温室栽培技术。

【提示】 温室薄皮甜瓜不耐重茬，生产上除采取连作克服技术外，还可考虑实行甜瓜与非瓜类作物轮作模式。如早春茬甜瓜可与糯玉米、甜玉米等禾本科作物或茄果类、豆类蔬菜轮作，均可取得良好的经济效益。

第十章
棚室有机甜瓜栽培技术

随着生活水平的提高，人们对农产品质量安全和农业产区的生态环境健康问题日益关注。有机农业经过几十年的发展和生产实践则顺应了改善农业生态环境、生产优质无污染的有机食品的世界潮流而日益受到重视。有机农产品正在成为人们的消费时尚，发展有机农业是解决食品安全问题的有效途径之一，其市场应用前景广阔。

有机农产品是根据有机农业原则和有机农产品生产方式及标准生产，并通过有机食品认证机构认证的农产品，属纯天然、无污染、安全营养的食品，也称"生态食品"。有机甜瓜生产则是按照有机农产品的生产环境、质量要求和生产技术规范进行生产，以保证无污染、富营养和高质量的特点。在甜瓜生产的整个过程中禁止使用化学农药、化肥、激素等人工合成物质，不使用基因工程技术产品。在生产和流通过程中有完善的跟踪审查体系和完整的生产和销售记录档案，还必须经过独立的有机食品认证机构的认证审查和全过程的质量控制。

因此，采用严格、高效的有机蔬菜栽培技术生产优质、高产、无污染的甜瓜产品对于满足人们的生活需求，提升甜瓜产值和效益具有积极作用。有机甜瓜生产的难点是在不施用化肥和化学合成农药的前提下获得高产和优质，因此在实际生产中应采取综合管理措施方能达到预期效果。

第一节 有机甜瓜的生产定义和生产标准

一 定义

有机甜瓜生产技术是指遵循可持续发展的原则，严格按照《欧共体有机农业条例2092/91》进行多次生产、采收、运输、销售，不使用化学农药、化肥、植物生长调节剂等，按照农业科学和生态学原理，维持稳定的农业生态体系。中国有机产品标志，如图10-1所示。

图 10-1 中国有机
产品标志

二 生产基地环境要求和标准

1. 基地建立

1）基地选择标准。根据最新的有机产品标准，有机甜瓜生产基地应选择空气清新、土壤有机质含量高、有良好植被覆盖的优良生态环境，避开疫病区，远离城区，工矿区，交通主干线，工业、生活垃圾场，重金属及农药残留污染等污染源。要求选择地势较高、易排水、土层深厚肥沃，有效土层达 60cm 以上，土壤排水通气性能良好，有益微生物活性强，有机质含量大于 15g/kg 的生产土壤。基地土壤环境质量须符合国家二级标准，农田灌溉水质符合 V 类标准，环境空气质量要求达到国家二级标准和保护农作物的大气污染物最高允许浓度。

2）确立转换期。有机甜瓜生产转换期一般为 3 年。新开荒、撂荒或有充分数据说明多年未使用禁用物质的地块也至少需 1 年转换期。转换期的开始时间从向认证机构申请认证之日起计算，转换期内必须完全按照有机生产要求操作，转换期结束后须经认证机构检测达标后方能转入有机甜瓜生产。

有机甜瓜生产基地须具备一定的规模，一般种植面积不小于 150亩。生产基地的土地应是完整地块，其间不能夹有进行常规生产的地块，但允许夹有有机转换地块，且与常规生产地块交界处须界限明显，如河流、沟渠等。

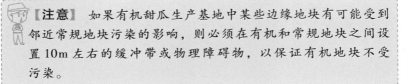

【注意】 如果有机甜瓜生产基地中某些边缘地块有可能受到邻近常规地块污染的影响，则必须在有机和常规地块之间设置10m左右的缓冲带或物理障碍物，以保证有机地块不受污染。

3）合理轮作。棚室甜瓜忌连作，其有机生产基地也应避免与瓜类作物连作，宜与禾本科、豆科作物或绿肥等轮作换茬。如棚室越夏茬甜瓜可安排轮作甜玉米、糯玉米等，也可获得较好收益。前茬收获后，应彻底清理田间环境，清除田间病残体，集中销毁或深埋，减少病虫基数。

2. 适用标准

棚室甜瓜有机栽培土壤环境质量标准、农田灌溉水质标准、大气中各项污染物浓度限值（GB 3095—2012）见表10-1、表10-2和表10-3。

表10-1　土壤环境质量标准值　（单位：mg/kg）

级　别	一　级	二　级			三　级
土壤pH	自然背景	<6.5	6.5～7.5	>7.5	>6.5
项目					
镉≤	0.20	0.30	0.60	1.0	
汞≤	0.15	0.30	0.50	1.0	1.5
砷 水田≤	15	30	25	20	30
砷 旱地≤	15	40	30	25	40
铜 农田≤	35	50	100	100	400
铜 果园≤	—	150	200	200	400
铅≤	35	250	300	350	500
铬 水田≤	90	250	300	350	400
铬 旱地≤	90	150	200	250	300
锌≤	100	200	250	300	500
镍≤	40	40	50	60	200

第十章　棚室有机甜瓜栽培技术

级　别	一　级	二　级	三　级
六六六≤	0.05	0.50	1.0
滴滴涕≤	0.05	0.50	1.0

注：1. 重金属（铬主要是三价）和砷均按元素量计，适用于阳离子交量＞5cmol（＋）/kg 的土壤，若阳离子交换量≤5cmol（＋）/kg，其标准值为表内数值的半数。

2. 六六六为四种异构体总量，滴滴涕为四种衍生物总量。

3. 水旱轮作地的土壤环境质量标准，砷采用水田值，铬采用旱地值。

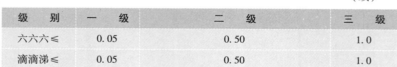

表 10-2　农田灌溉水质标准

序号	项　目	水　作	旱　作	蔬　菜
1	生化需氧量 /（mg/L）　≤	80	150	80
2	化学需氧量 /（mg/L）　≤	200	300	150
3	悬浮物 /（mg/L）　≤	150	200	100
4	阴离子表面活性剂 /（mg/L）　≤	5.0	8.0	5.0
5	凯氏氮≤	12	30	30
6	总磷（以 P 计） /（mg/L）　≤	5.0	10	10
7	水温/℃　≤	35	35	35
8	pH	5.5～8.5	5.5～8.5	5.5～8.5
9	全盐量 /（mg/L）　≤	1000（非盐碱土地区），2000（盐碱土地区），有条件的地区可以适当放宽	1000（非盐碱土地区），2000（盐碱土地区），有条件的地区可以适当放宽	1000（非盐碱土地区），2000（盐碱土地区），有条件的地区可以适当放宽

序号	项　　目	水　作	旱　作	蔬　菜
10	氯化物 /（mg/L）≤	250	250	250
11	硫化物 /（mg/L）≤	1.0	1.0	1.0
12	总汞 /（mg/L）≤	0.001	0.001	0.001
13	总镉 /（mg/L）≤	0.005	0.005	0.005
14	总砷 /（mg/L）≤	0.05	0.1	0.05
15	铬（六价） /（mg/L）≤	0.1	0.1	0.1
16	总铅 /（mg/L）≤	0.1	0.1	0.1
17	总铜 /（mg/L）≤	1.0	1.0	1.0
18	总锌 /（mg/L）≤	2.0	2.0	2.0
19	总硒 /（mg/L）≤	0.02	0.02	0.02
20	氟化物 /（mg/L）≤	2.0（高氟区） 3.0（一般地区）	2.0（高氟区） 3.0（一般地区）	2.0（高氟区） 3.0（一般地区）
21	氰化物 /（mg/L）≤	0.5	0.5	0.5
22	石油类 /（mg/L）≤	5.0	10	1.0
23	挥发酚 /（mg/L）≤	1.0	1.0	1.0
24	苯 /（mg/L）≤	2.5	2.5	2.5

第十章　棚室有机甜瓜栽培技术

（续）

序号	项目	水作	旱作	蔬菜
25	三氯乙醛 /（mg/L）≤	1.0	0.5	0.5
26	丙烯醛 /（mg/L）≤	0.5	0.5	0.5
27	硼 /（mg/L）≤	1.0（对硼敏感作物，如马铃薯、笋瓜、韭菜、洋葱、柑橘等）；2.0（对硼耐受性作物，如小麦、玉米、青椒、小白菜、葱等）；3.0（对硼耐受性强的作物，如水稻、萝卜、油菜、甘蓝等）	1.0（对硼敏感作物，如马铃薯、笋瓜、韭菜、洋葱、柑橘等）；2.0（对硼耐受性作物，如小麦、玉米、青椒、小白菜、葱等）；3.0（对硼耐受性强的作物，如水稻、萝卜、油菜、甘蓝等）	1.0（对硼敏感作物，如马铃薯、笋瓜、韭菜、洋葱、柑橘等）；2.0（对硼耐受性作物，如小麦、玉米、青椒、小白菜、葱等）；3.0（对硼耐受性强的作物，如水稻、萝卜、油菜、甘蓝等）
28	粪大肠菌群数 /（个/L）≤	10000	10000	10000
29	蛔虫卵数 /（个/L）≤	2	2	2

表 10-3　大气中各项污染物的浓度限值（GB 3095—2012）

污染物名称	平均时间	浓度限值		浓度单位
		一级	二级	
二氧化硫	年平均	60	60	μg/m³
	24h 平均	50	150	
	1h 平均	150	500	
二氧化氮	年平均	40	40	
	24h 平均	80	80	
	1h 平均	200	200	

污染物名称	平均时间	浓度限值		浓度单位
		一级	二级	
一氧化碳	24h 平均	4	4	mg/m³
	1h 平均	10	10	
臭氧	日最大 8h 平均	100	160	
	1h 平均	160	200	
颗粒物（粒径≤10μm）	年平均	40	70	
	24h 平均	50	150	
颗粒物（粒径≤2.5μm）	年平均	15	35	
	24h 平均	35	75	
总悬浮颗粒物	年平均	80	200	μg/m³
	24h 平均	120	300	
氮氧化物	年平均	50	50	
	24h 平均	100	100	
	1h 平均	250	250	
铅	年平均	0.5	0.5	
	季平均	1	1	
苯并芘	年平均	0.001	0.001	
	24h 平均	0.0025	0.0025	

3. 设置缓冲带

有机甜瓜生产基地与传统生产地块相邻时需在基地周围种植 8～10m 宽的高秆作物、乔木或设置物理障碍物作为缓冲带，以保证有机甜瓜种植区不受污染和防止临近常规地块施用的化学物质的漂移。

4. 棚室清洁与基地生态保护

在棚室有机甜瓜生产过程中，要求不造成环境污染和生态破坏。所以在每茬甜瓜和作物收获后都要及时清理植株残体，彻底打扫、清洁基地，将病残体全部运出基地外销毁或深埋，以减少病虫害基数。可将瓜蔓或秸秆收集后放入沼气池做发酵处理，沼渣和沼液分别作为有机肥和冲施肥施用，使瓜蔓、秸秆等农业有机物100%被综合循环利用。农膜等不能降解的废弃物要100%回收并加以利用。此外，在栽培过程中，要及时清除落蕾、落花、落叶、落果、整枝剪下的枝蔓及病虫株、病残株和杂草，消除病虫害的中间寄主和侵染源等。

三 品种选择

禁止使用转基因或含转基因成分的种子，禁止使用经有机禁用物质和方法处理的种子及种苗，种子处理剂应符合《有机产品》标准的要求。应选择适应当地土壤和气候条件，抗病虫能力较强的薄皮或厚皮甜瓜品种，如白瓜王子、蜜罐、玉金香、寿研1号、潍科2号、鲁厚甜2号等。

【注意】 生产有机甜瓜应选择经认证的有机种子、种苗或选用未经禁用物质处理的种苗。目前用包衣剂处理过的种子不宜选用。

四 施肥与病虫草害防治技术要点

1. 有机甜瓜施肥技术要点

有机甜瓜不论在育苗还是田间生产期间的水肥管理上均应按照有机蔬菜生产标准进行，基本要点如下。

（1）禁用化肥 可施用有机肥料，如粪肥、饼肥、沼肥、沤制肥等；矿物肥，包括钾矿粉、磷矿粉、氯化钙等；有机认证机构认证的有机专用肥或部分微生物肥料，如具有固氮、解磷、解钾作用的根瘤菌、芽孢杆菌、光合细菌和溶磷菌等，通过有益菌的活动来加速养分释放，促进甜瓜对养分的有效利用。

（2）施用方法

1）施肥量。一般每亩有机甜瓜底肥可施用有机粪肥6000～10000kg，追施专用有机肥或饼肥100kg。动、植物肥料用量比例以1:1为宜。

2）重施底肥。结合整地施底肥，底肥占总肥量的80%。

3）巧施追肥。甜瓜属浅根系作物，追肥时可将肥料撒施，掩埋于定植沟内，及时浇水或培土。

【提示】 有机肥在施用前2个月需进行无害化处理,可将肥料泼水拌湿、堆积、覆盖塑料膜,使其充分发酵腐熟。发酵期堆内的温度高达60℃以上,可有效地杀灭农家肥中的病虫,且处理后的肥料易被甜瓜吸收利用。

2. 有机甜瓜病虫草害防治技术要点

应坚持"预防为主,综合防治"的植保原则,通过选用抗、耐病品种,合理轮作,嫁接育苗,合理调控棚室温、光、湿和土肥水等以及通过物理防治和天敌生物防治等技术方法进行棚室有机甜瓜病虫草害防治。生产过程中禁用化学合成农药、除草剂、生长调节剂和基因工程技术产品等。有机甜瓜病虫草害防治技术原则如下。

(1) 病害防治

1)可用药剂:石灰、硫黄、波尔多液、石硫合剂、高锰酸钾等,可防治多种病害。

2)限制施用药剂主要为铜制剂,如氢氧化铜、氧化亚铜、硫酸铜等,可用于真菌、细菌性病害防治。

3)允许选用软皂、植保101、植保102、植保103等植物制剂、醋等物质以抑制真菌病害。

4)允许选用微生物及其发酵产品防治甜瓜病害。

(2) 虫害防治

1)提倡通过释放捕食性天敌,如七星瓢虫、捕食螨、赤眼蜂、丽蚜小蜂等防治虫害。

2)允许使用苦参碱、绿帝乳油等植物源杀虫剂和鱼腥草、薄荷、艾菊、大蒜、苦楝等植物提取剂防虫。如用苦楝油2000~3000倍液防治潜叶蝇,用艾菊30g/L防治蚜虫和螨虫,用葱蒜混合液和大蒜浸出液预防病虫害的发生等。

3)可以在诱捕器、散发皿中使用性诱剂,允许使用视觉性(如黄板、蓝板)和物理性捕虫设施(如黑光灯、防虫网等)。

4)可以限制性使用鱼藤酮、植物源除虫菊酯、乳化植物油和硅藻土杀虫。

5)有限制地使用微生物制剂,如杀螟杆菌、Bt制剂等。

（3）防除杂草　禁止使用基因工程技术产品或化学除草剂除草；提倡地膜覆盖、秸秆覆盖防草和人工、机械除草。

第二节　棚室有机甜瓜栽培管理

根据当地的实际情况制定可行的有机甜瓜生产操作规程，强化栽培管理，建立详细的栽培技术档案，对整个生产过程进行详细记载，并妥善保存，以备查阅。建立完整的质量跟踪审查体系，并严格按照国家环境保护部颁布的《有机食品技术规范》（HJ/T 80—2001）组织生产。通过培育壮苗、嫁接育苗、合理土肥水管理及病虫害防治等技术实现棚室有机甜瓜的高产高效。

一　茬口安排

棚室有机甜瓜茬口一般可采取早春茬、冬春茬、秋延迟茬等高效茬口，各地可根据实际设施条件确定播种期。

二　培育壮苗

甜瓜育苗时需着重注意以下几个问题。

1）土壤和种子处理。选用有机认证种子或未经禁用物质处理的常规种子，在播种前应进行土壤（基质）、棚室和种子消毒。

① 土壤和棚室消毒：选用物理方法或天然物质。

【土壤消毒】　地面喷施或撒施 3~5 波美度石硫合剂、晶体石硫合剂 100 倍液、生石灰 2.5kg/亩、高锰酸钾 100 倍液或木醋液 50 倍液。

【苗床消毒】　可在播前 3~5 天地面喷施木醋液 50 倍液或用硫黄（0.5kg/m²）与基质、土壤混合，然后覆盖农膜密封。

【棚室消毒】　可提前采用灌水、闷棚等物理方法结合硫黄熏烟等药剂的方法，防治病虫。

【注意】　苗床覆盖农膜时禁用含氯农膜。

② 种子消毒：主要有晒种、温汤浸种、干热消毒和药剂消毒 4

种方法。

【药剂消毒】 采用天然物质消毒，可用高锰酸钾 200 倍液浸种 2h、木醋液 200 倍液浸种 3h、石灰水 100 倍液浸种 1h 或硫酸铜 100 倍液浸种 1h。药剂消毒后再用 55℃温汤浸种 4h。

2）连作棚室宜采用嫁接方式育苗。

3）其他苗床管理可参考第五章甜瓜育苗技术。

三 田间管理

（1）棚室有机甜瓜肥水管理 定植前施足底肥，可结合整地每亩施入经有机认证的有机肥 4000～8000kg，矿物磷肥 30～50kg，矿物钾肥 50～70kg。缓苗后浇小水 1 次。伸蔓期随水追施专用有机肥 50～100kg/亩、沼液 400～500kg/亩或施饼肥 50～100kg/亩、沼渣 200～300kg/亩（沼肥生产设施如图 10-2、图 10-3 所示）。膨瓜期随水追施生物菌肥 50kg/亩、沼液 400～500kg/亩和矿物钾肥 20～25kg/亩。果实膨大后期可每 7～10 天在叶面喷施光合微肥，防止植株早衰。

图 10-2　沼液过滤装置

图 10-3　沼渣发酵池

【注意】 目前沼液肥生产厂家往往向沼液中添加氮磷钾肥后出售，有机甜瓜施用沼液前需严加确认后再施用。

（2）棚室有机甜瓜病虫害防治 有机甜瓜病虫害防治应以农业措施、物理防治、生物防治为主，化学防治为辅，实行无害化综合防治措施。药剂防治必须符合《有机产品》标准的要求，杜绝使用禁用农药，严格控制农药用量和安全间隔期。

棚室有机甜瓜常见病虫害及其防治方法如下。

1）猝倒病。进行种子、土壤消毒。发病初期用大蒜汁 250 倍液、25% 络氨铜水剂 500 倍液或 5% 井冈霉素水剂 1000 倍液防治，兑水喷雾，每 7 天左右防治 1 次。

2）灰霉病。发病初期在叶面喷施 2% 春雷霉素水剂 500 倍液、1/10000 硅酸钾溶液、80% 碱式硫酸铜可湿性粉剂 800 倍液或 25% 络氨铜水剂 500 倍液，每 10 天左右防治 1 次。

3）疫病。发病初期在叶面喷施大蒜汁 250 倍液、25% 络氨铜水剂 500 倍液、5% 井冈霉素水剂 1000 倍液、80% 碱式硫酸铜可湿性粉剂 800 倍液或 77% 氢氧化铜可湿性粉剂 600 倍液，每 7 ~ 10 天防治 1 次，连续 2 ~ 3 次。

4）霜霉病、白粉病。发病初期在叶面喷施 2% 武夷菌素水剂 200 倍液、0.5% 大黄素甲醚水剂 100 倍液、8×10^9 CFU/g 枯草芽孢杆菌可湿性粉剂 500 倍液等生物农药或 47% 春雷·王铜可湿性粉剂 800 倍液、46.1% 氢氧化铜可湿性粉剂 1500 倍液等矿物农药，每 7 ~ 10 天防治 1 次。

5）软腐病。发病初期可用 72% 农用链霉素可湿性粉剂 4000 倍液或 46.1% 氢氧化铜可湿性粉剂 1500 倍液灌根。

6）蚜虫、蓟马、白粉虱、叶螨及夜蛾类害虫。棚室栽培可加装防虫网。其他物理和生物措施：设置黄色、蓝色粘虫板；黑光灯或频振式杀虫灯诱杀成虫；田间释放白粉虱天敌丽蚜小蜂、叶螨天敌捕食螨、蚜虫天敌瓢虫或草蛉等进行防治（图 10-4 ~ 图 10-7）。

图 10-4　控制叶螨的捕食螨

图 10-5　防治蓟马的蓝板

148

图 10-6　防治蚜虫的黄板

图 10-7　防治白粉虱的丽蚜小蜂

【药剂防治方法】　为害初期可喷施苦参碱乳油 1000～1500 倍液、5% 天然除虫菊素乳油 800～1000 倍液、生物肥皂 1000 倍液、0.5% 印楝素乳油 1000～1500 倍液等进行防治。

【提示】　针对有机甜瓜病虫害防治可允许使用的生物农药主要包括①抗生素类杀虫剂：阿维菌素类；②细菌类杀虫剂：苏云金杆菌、Bt 制剂类；③植物源杀虫剂：苦参碱、鱼藤酮及银杏叶、黄土鹃花、苦楝素、辣蓼草等植物提取物质等。

———第十一章———
棚室甜瓜特种栽培技术

第一节　棚室甜瓜水肥一体化滴灌技术

1. 水肥一体化的概念

水肥一体化滴灌技术又称为"水肥耦合""随水施肥""灌溉施肥"等，是将水溶性肥料配成肥液注入低压灌水管路，并通过地膜下铺设的微喷带均匀、准确地输送到作物根际，肥、水可均匀地浸润地表25cm左右或更深，保证了根系对水分、养分的快速吸收，能针对蔬菜的生育进程和需肥特性实施配方肥料，是一种科学灌溉施肥模式。

2. 水肥一体化的特点

水肥一体化滴灌技术实现了水肥的耦合，有利于提高水分、肥料利用效率，通过灌溉进行精准施肥，可避免肥料淋失对地下水造成的污染。棚室甜瓜滴灌还可降低大棚内相对湿度从而起到降低病虫害的发生率，提高早春茬地温 0.5~2℃ 的栽培效果。从而在很大程度能够实现节水节肥、省时省工、增产增收的生产目标，因此近年来尤其在设施蔬菜产区得到了广泛推广。

水肥一体化技术在实际生产中存在的主要问题有滴灌系统设计安装不合理不配套、灌水施肥随意性大、滴灌不均匀、滴灌带爆裂、滴孔易堵塞、一次性投资较大等，不仅影响正常的施肥灌水效果，而且还会影响设备的使用寿命，导致成本的增加，在一定程度上也制约了该项技术的推广应用。

3. 滴灌设备的选择与安装

　　简易软管滴灌的结构　软管滴灌系统是成本较低的一种滴灌系统，由供水肥装置、供水管和滴水软管组成（图11-1）。

供水肥装置　　　　　　　　　滴水软管

图11-1　软管滴灌系统

　　1）供水肥装置。包括1.5kW水泵、化肥池、控制仪表等，可保持入棚压力0.12～0.15MPa。取水泵口用1～2层防虫网包裹泵口过滤，滤去大于25目的泥沙颗粒及纤维物等。该装置作用是抽水、施肥、过滤，将一定数量的水送入干管。

　　2）供水管。包括干管、支管以及必要的调节设备（如压力表、闸阀、流量调节器等）。供水管黑色，干管直径7cm，要求有0.2MPa以上的工作压力，支管直径3～4cm。在供水管处连接肥料稀释池，结合供水补充肥料，水要经过滤，防止堵塞。

　　3）滴水软管及其铺设方法。目前适合于大棚甜瓜种植的滴水软管主要有以下两种：①双上孔单聚氯乙烯塑料软管。该型软管抗堵塞性能强，滴水时间短，运行水压低，适应范围广，安装容易，投资低廉，应用较广。该设备是采用直径25～32mm聚氯乙烯滴灌带，作为滴灌毛管，配以直径38～51mm硬质或同质塑料软管为输水支管，辅以接头、施肥器及配件。滴水软管上有2行小孔，孔间距为33cm，软管一端接于供水管上，另一端用堵头塞住，供水管连接有过滤网的水源，打开阀门，水便沿软管流向畦面，喷出后从地膜下滴入畦面，供甜瓜根系吸收利用。具体铺设方法如下：将滴灌毛管顺畦向铺于小高畦上，出水孔朝上，将支管与畦向垂直方向铺于棚中间或棚头，在支管上安装施肥器。为控制运行水压，在支管上垂直于地面连接一透明塑料管，用于观察水位，以水柱高度 80～120cm 的压力运行，防止滴灌带运行压力过大。安装完毕后，打开水龙头试运行，查看各出水孔流水情况，若有水孔堵住，用手指轻弹一下，即会使堵住的水孔正常出水。另外，根据地势平整度以及离出水口远近程度，各畦出水量会有微小差异。用单独控制灌水时间的方法调节灌水量。检查完毕，开始铺设地膜。滴灌软管是在塑料管壁上打孔输水灌溉的，是一种滴灌毛管方式。因其无滴头，必须在滴灌软管上覆盖地膜。软管连接及铺设示意图如图 11-2、图 11-3 所示。②内镶式滴灌管。该滴灌由于采用的是先进注塑成型滴头，然后再将滴头放入管道内的成型工艺，因此，能够保证滴头流通均匀一致，各滴头出水量均匀。内镶式滴灌管，管径 10mm 或16mm，滴头间距30cm，工作压力0.1MPa，流量每小时2.5～3L。铺设方法同双上孔滴灌管。

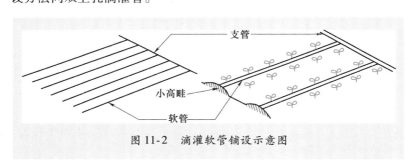

图 11-2　滴灌软管铺设示意图

图 11-3　支管连接滴灌软管及软管堵头

4）滴水软管铺设应注意的问题。

① 种植畦应整平，以免地面落差大造成滴灌不匀。

② 畦面和种植行应纵向排布，田间微喷带宜采用双行单根管带布置法，即将双孔微喷带布置于每畦两行植株中间，若种植行距大于0.5m，则宜单行安装单根单孔微喷带，管带长度与畦长相同。

③ 单根管带滴灌长度不宜超过60m，以免造成首尾压差大，灌水不匀。

④ 当纵向距离过长时，应设计在畦两头或从中间安装输水管，让微喷带自两头向中间或自中间向两头送水，以减少压差、提高滴灌均匀度。

⑤ 在布放微喷带时，微喷带上的孔口朝上，以使水中的少量杂质沉淀在管子的底部，也可避免根因向水性生长而堵塞滴孔。每条微喷带前都要安装1个开关，以根据系统提供压力的大小，现场调整滴灌条数，方便操作管理。

⑥ 微喷带安装完成后，还要覆盖地膜，以使水流在地膜的遮挡下形成滴灌效果，并减少地表水分蒸发。

4. 施肥设备

目前灌溉施肥设备除了简易水泥化肥池外，还包括成型设备，如压差式施肥罐、文丘里施肥器、比例施肥泵和计算机控制的智能施肥机（图11-4）。

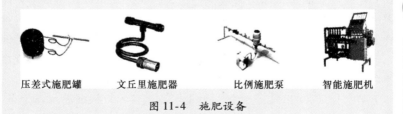

| 压差式施肥罐 | 文丘里施肥器 | 比例施肥泵 | 智能施肥机 |

图11-4 施肥设备

施肥罐的制造比较简单，造价低，但是容积有限，添加肥料次数频繁且工序较为繁杂；另外由于施肥罐中肥料不断被水稀释，进入灌溉系统中的肥料浓度不断下降，从而导致施肥浓度不易掌握。文丘里施肥器结构简单，造价较低，但是很难精调施肥量且水压和水的流速对文丘里施肥器的影响非常大，因此使用过程中施肥浓度易产生波动从而导致施肥浓度不均匀。比例施肥泵是一种靠水力驱动的施肥装置，能够按照设定的比例将肥料均匀地添加到水中，而不受系统压力和流量的影响，因此能够基本满足用户对于施肥浓度的控制，施肥泵的造价相对适中。智能施肥机作为精准施肥的智能装置，其配置较为复杂，功能强大，可以满足多种作物不同施肥浓度的要求，但是造价高。

5. 棚室甜瓜水肥管理

（1）施足基肥　甜瓜喜肥，滴灌栽培下甜瓜密度增加，生产上应施足基肥方能丰产丰收。根据地力结合整地每亩施入腐熟稻壳鸡粪5000～6000kg/亩、三元复合肥100kg/亩、过磷酸钙30～50kg/亩、钾肥40～50kg/亩。

（2）甜瓜需肥水规律　甜瓜是需水量较大的作物，据测定甜瓜每形成1g干物质需消耗600～700g水，1株甜瓜一生中要消耗1000kg左右的水。甜瓜幼苗期和伸蔓期要求土壤相对含水量为70%，结果期为80%～85%，果实成熟期为55%～60%，一般要求甜瓜地0～30cm土壤的田间持水量为70%～75%。甜瓜生长期间要求空气干燥，最适宜的空气相对湿度为50%～60%。

（3）滴灌施肥方案

1）水分管理。滴灌管理简便易行，只需打开水龙头即可灌水。双上孔软管滴灌运行压力一般保持水头高80～120cm即可，切忌压力过大，否则会破坏管壁形成畦面积水。可在支管上连通一透明细管，用以观察水柱高度。土壤湿度控制的方法是观测灌水指标，即在土壤中安装1组15～30cm不同土层深度的土壤水分张力计，观察各个时期的土壤水分张力值。灌水指标一般以灌水开始点PF表示，即土壤水分张力的对数，在张力计上可直接读出。根据灌水开始点，结合天气状况、植株生长势等因素决定是否灌水。根据实际观测，甜瓜适宜的灌水指标为：营养生长期PF为1.8～2.0，开花授粉期PF为2.0～2.2，结瓜期PF为1.5～2.0，采收期PF为2.2～2.5。灌水量可用灌水时间控制，并结合天气、植株长势等因素决定灌水时间的长短。定植水以土壤湿润为度。双上孔软管滴灌定植水一般灌

5 ~6h，平时灌水时间每次为 2 ~2.5h。内镶式滴灌管灌水时间应适当延长。采收前 7 ~10 天停止灌水。

2）追肥。棚室甜瓜不同栽培地区和茬口滴灌水量和追肥量存在较大差异，须根据土壤墒情、不同生育阶段最适田间持水量、植株田间长势和土壤水分张力值综合判断，不可一概而论。一般而言，棚室甜瓜整个生育期内至少需进行 3 次滴灌。尤其果实膨大期是水肥临界期，需加大滴灌次数和施肥量。表 11-1 为早春茬甜瓜关键生育阶段滴灌水肥参考指标。

表 11-1　早春茬甜瓜滴灌水肥参考指标

生 育 阶 段	灌水量/（m³/亩）	追肥量/（kg/亩）
伸蔓期	12	纯氮肥 2kg、磷肥 1kg、钾肥 1kg
坐果期（幼瓜长至鸡蛋大小）	14	纯氮肥 2.3kg、磷肥 1.2kg、钾肥 2.3kg
膨瓜期	10	纯氮肥 0.8kg、磷肥 1.2kg、钾肥 2.0kg

干旱地区或高温茬口须加大灌水频率，应根据棚室甜瓜需水规律及土壤及天气条件，苗期、开花期 5 天左右滴灌水 1 次，每亩滴灌水 15 ~20m³。果实发育期是水分临界期，2 ~4 天滴灌水 1 次，每亩滴水量 15 ~20m³。果实成熟期是糖分积累期，坚持少灌勤灌的原则，一般 3 ~5 天滴水 1 次，每亩灌水量控制在 10m³。整个生育期每亩灌水量 280 ~300m³。

【提示】　滴灌液的浓度也可根据作物适宜的 EC 值确定。大多数作物适宜的 EC 值为 0.5 ~3.0ms/cm，最高不超过 4.0ms/cm，过高易造成土壤盐分的积累，过低则不能满足作物的正常生长需要。

3）滴灌方法。打开滴灌系统，滴清水 20min 后打开施肥器，开始供肥。灌溉结束前 30min 停止滴肥，以清水冲洗管道，防止堵塞。

【提示】　①盐碱化土壤应先滴灌清水，将土壤中可移动离子淋洗到下层土壤，然后滴灌全价营养液。②阴雨天可适当减少滴灌量或者不滴灌。

4）滴灌肥料选择。应选择常温下能完全溶解、且混合后不产生沉淀的肥料。目前市场上常用溶解性好的普通大量元素固体肥料：氮肥包括尿素、碳酸氢铵、硝酸铵、硝酸钾；磷肥有磷酸二铵、磷酸二氢钾；钾肥有硫酸钾、硝酸钾等。也可采用专用水溶肥。

【提示】 ①选用颗粒复合肥作滴灌肥时应观察肥膜（黏土、硅藻土和含水硅土）是否易溶或堵塞滴孔。②滴灌追施微量元素肥料时，应注意不与磷素肥同时混合使用，以免形成不溶性磷酸盐沉淀而堵塞滴孔。③除沼液外，多数有机肥因其难溶性而不宜作滴灌肥追施。

6. 其他管理措施

其他管理措施可参见第七章甜瓜塑料大棚高效栽培技术。

第二节　棚室甜瓜无土栽培技术

蔬菜无土栽培具有可充分利用土地资源，省肥、省水、省工，减少病虫为害，实现蔬菜无公害生产，提高蔬菜产量和品质等优点，缺点是一次性投资巨大，因而近年来在部分农业园区或示范基地得到了大面积推广。蔬菜无土栽培可分为营养液栽培和有机无土栽培两类，其主要分类，如图11-5所示。

棚室甜瓜采用简易无土栽培设施进行生产，可在充分利用农民普通大棚或温室的基础上有效克服重茬病害，获得较好经济效益。现着重将其设施结构和营养液配制和管理简介如下。

一　栽培基质的选择和配制

蔬菜无土栽培常用基质可分为无机基质、有机基质和复合基质3类。无机基质主要包括蛭石、珍珠岩、岩棉、炉渣、沙等；有机基质主要包括草炭、椰糠、菇渣、蔗渣、锯末、酒糟、玉米芯等；复合基质由两种及以上基质按一定体积比混合而成，如常见的草炭、蛭石、珍珠岩混合基质。

棚室甜瓜常可采用复合基质槽培、袋培、箱培和岩棉栽培等栽培模式。部分栽培模式如图11-6所示。

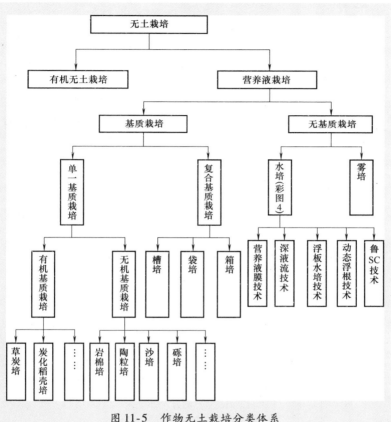

图 11-5　作物无土栽培分类体系

图 11-6　甜瓜部分无土栽培模式

二 甜瓜不同类型的无土栽培技术

1. 营养液配制和管理

（1）营养液配制 甜瓜生长时期不同应调整营养液配方，其配方见表11-2。

表11-2　甜瓜不同生育期营养液配方 （单位：g/L）

剂量肥料 \ 时期		幼苗期湿基质		定植至开花期	开花坐果期	膨瓜期
A液	Ca（NO₃）₂	59	104.6	82.6	74.56	86.4
	NH₄NO₃	1.93	4.5	2.7	—	—
	KNO₃	38.5	57.6	53.9	—	18.6
	EDTA-Fe13	0.363	0.508	0.508	0.504	0.504
B液	KNO₃	11.93	19.8	16.7	71.2	78.4
	KH₂PO₄	12.14	20.3	17.0	17.0	16.86
	MgSO₄	26.36	22.4	36.9	42.5	46.8
	MnSO₄·H₂O	0.13	0.12	0.13	0.13	0.13
	ZnSO₄·7H₂O	0.022	0.031	0.022	0.022	0.022
	Na₂B₄O₇·10H₂O	0.026	0.015	0.026	0.026	0.026
	CuSO₄·5H₂O	0.008	0.009	0.008	0.008	0.008
	NaMoO₄·2H₂O	0.009	0.012	0.009	0.009	0.009

注：营养母液分 A、B 两种，灌溉液比例为 A:B:水 = 1:1:100。

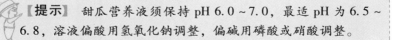

【提示】 甜瓜营养液须保持 pH 6.0～7.0，最适 pH 为 6.5～6.8，溶液偏酸用氢氧化钠调整，偏碱用磷酸或硝酸调整。

（2）营养液的管理

1）甜瓜不同生育期 EC 值管理。营养液的浓度可根据 EC 值判断，EC 值在甜瓜生长的不同时期各不相同，甜瓜在整个生育期 EC 值一般为 0.8～2.6ms/cm。移栽定植后 EC 值为 2.0ms/cm，坐果后至采收结束营养液的 EC 值为 2.6ms/cm，每 2 天进行 1 次浓度的测定。

【注意】 用电导率仪检测营养液浓度（EC 值），EC 值单位为 ms/cm（毫西门子/厘米），1.0ms/cm 相当于 1kg 肥料完全溶解于 1000kg 纯水后的浓度，即 0.1% 的百分浓度。

网纹甜瓜各生育期参考 EC 值管理见表 11-3。

表 11-3　网纹甜瓜各生育期适宜 EC 值

时　期	EC 值/（ms/cm）
定植后至开花坐果期	1.5 ~ 1.6
果实膨大期	1.6 ~ 1.8
网纹出现后	1.8 ~ 2.0
成熟前半个月	2.0 ~ 2.2
成熟前一周	2.2 ~ 2.4
采收前 3 天	2.6 ~ 2.8

2）不同生育阶段营养液的灌溉量见表 11-4。

表 11-4　甜瓜不同生育期营养液灌溉时间及次数

灌溉期 \ 生育期	定植一周内	开　花　前	开花坐果期	结果初期	结果后期
时间/min	18	26	68	36	56
次数	7	10	16	12	20

注：营养液灌溉量确定的依据原则：①废液流出量为灌溉量的 15% ~ 30%；②灌溉液与废液 EC 值相差不超过 0.4 ~ 0.5ms/cm；③废液的 pH 为 6.0 ~ 6.5；④少量多次，固定灌溉时间。

2. 甜瓜复合基质槽培

（1）槽培设施结构

1）储液池。复合基质槽培多采用开放式供液。储液池设计容量一般为 4 ~ 5m³，可为砖混结构，池底和内壁贴油毡防水层。池底砌凹槽用于安放潜水泵，池口加盖板。

2）栽培槽。可用红砖、木板、聚苯乙烯薄膜塑料等作槽体。一般槽长 10 ~ 20m，内径 48cm，基质厚度 15 ~ 20cm，槽与槽之间

的距离 70cm。槽内铺 1 层聚乙烯薄膜，以隔离土壤并防止营养液渗漏。

3）栽培基质配比。栽培基质的配比采用混合基质加有机肥的方法。混合基质配比，如蘑菇渣:秸秆:河砂:炉渣 = 4:2:1:0.25，蘑菇渣:河砂:炉渣 = 4:1:0.25，草炭:蛭石:珍珠岩 = 1:1:1 等均可。在每立方米混合基质中加入 10 ~ 20kg 有机肥作底肥，另加氮、磷、钾（15:15:15）复合肥 1 ~ 2kg、过磷酸钙 0.5kg、硫酸钾 0.5kg、磷酸二氢钾 0.5kg，充分混匀后装入栽培槽中。栽培基质的盐浓度应适宜甜瓜植株的正常生长，pH 以 6 ~ 6.5 为宜，过于偏酸或偏碱都不利于植株对养分的吸收。

4）供液系统。营养液不循环利用，经甜瓜和基质吸收后剩余部分流入渗液层经排液沟排出室外。如果需循环利用则须供液均匀，管道畅通。

采用滴灌供液：每 $300m^2$ 选用 1 台口径 40mm、流量 $25m^3/h$、扬程 35m、电压 380V 的潜水泵。供液主管采用直径 30 ~ 50mm 的铁管、聚乙烯管或聚氯乙烯管，首端安装过滤器、水表、阀门等。每条槽铺设 1 ~ 2 条微灌带，微灌带末端扎牢，避免漏液。基质表面覆盖农膜，水通过水压从孔中喷射到薄膜上后滴落到栽培槽基质中，让根系从基质中吸收水分和养分。主管道上还可以安装文丘里施肥器。槽培滴灌管，如图 11-7 所示。

（2）甜瓜槽培管理技术要点　甜瓜槽培如图 11-8 所示。

图 11-7　槽培滴灌管

图 11-8　甜瓜槽培

1）基质准备。定植前一天将填入基质槽中的基质完全用营养液浸透，于定植前排水并检查灌溉设备是否正常。

2）环境管理。甜瓜生育期间温、光、气、热参考指标，见表 11-5。

表 11-5 甜瓜在整个生育期各阶段温、光、气、热参考指标

时期＼项目	温度/℃		相对湿度	光照度/lx	二氧化碳气体浓度/（μL/L）
	白 天	夜 间			
播种~出苗	28~30	28~30	75%~80%	20000~50000	1000~1500
幼苗期	25~28	20~23	75%~80%		
定植一周内	25~30	18~20	75%~80%		
开花坐果期	25~28	15~18	50%~60%		
结果期	25~30	15~18	60%~70%		

棚室甜瓜无土栽培在冬季有时需要进行二氧化碳施肥，具体方法：温室中适宜二氧化碳含量为 1000 ~ 1500μL/L。当温室中二氧化碳浓度偏低时，可采用硫酸与碳酸氢铵反应产生二氧化碳，每亩温室每天约需 2.2kg 浓硫酸（使用时加 3 倍水稀释）和 3.6kg 碳酸氢铵，每天在日出半小时后开始施用，持续 2h 左右。

3）水肥管理。

① 定植后及时用营养液灌溉 20 ~ 30min，并遮阳 3 ~ 4h 后转入正常灌溉。

② 复合基质如果本身含有丰富营养元素，则营养液配方可作适当调整，如栽培前期少加微量元素，并可用铵态氮或酰胺态氮代替硝态氮配制溶液以降低成本等。

③ 草炭类基质具有较强的缓冲性，基质装槽前可预混底肥。如每立方米可添加硝酸钾 1000g、硫酸锰 14.2g、过磷酸钙 600g、硫酸锌 14.2g、石灰或白云石粉 3000g（北方硬水地区，灌溉水含钙量高，可不加石灰）、钼酸钠 2.4g、硫酸铜 14.2g、螯合铁 23.4g、硼砂 0.4g、硫酸亚铁 42.5g。

④ 生长期间及时均匀供液，1 天供液 1 ~ 2 次，高温季节和蔬菜

生长盛期1天供液2次以上。

⑤ 经常检查出水口，防止管道堵塞。预防基质积盐，如基质电导度超过3ms/cm，则应停止供液，改滴清水洗盐。基质可重复使用，但在下茬定植前要用太阳能法或蒸汽法进行彻底消毒。

3. 甜瓜复合基质袋培

用尼龙布或抗紫外线的黑白双色聚乙烯薄膜制成的袋作为容器，装入基质后栽培蔬菜的无土栽培方式称为袋培。

（1）设施结构 可分为卧式袋培和立式袋培2种。

1）栽培袋。通常用0.1mm防紫外线聚乙烯薄膜制作。

卧式袋培栽培袋是将桶膜剪成70cm一段，一端封口，装入20～30L基质后封严另一端，按预定株距依次放于地面。定植前，在袋上开2个直径为8～10cm的定植孔，两孔间距40cm。每孔定植1株蔬菜，安装1个滴箭。

立式袋培栽培袋呈桶状，先将直径30～35cm的桶膜剪成35cm长，一端用封口机或电熨斗封严，装入10～15L基质后直立放置，每袋种植1株大株蔬菜。袋的底部或两侧扎2～3个直径0.5～1cm的小孔，以便多余营养液渗出，防止沤根。

【摆放方法】 每2行栽培袋为1组，相邻摆放，袋下铺水泥砖，两砖间留5～10cm距离，作为排液沟，两行砖向排液沟方向倾斜。而后在整个地面铺乳白色或白色朝外的黑白双色塑料薄膜。

2）供液系统。采用滴灌方法供液，营养液无须循环。供液装置可为水位差式自流灌溉系统，储液罐可架设在离地1～2m高处。供液主管道和支管道可分别用直径50mm和40mm聚乙烯塑料软管，沿栽培袋摆放方向铺设的二级支管道可用直径16mm聚乙烯塑料软管，各级软管底端均应堵严。每个栽培袋安2个滴箭头，以备一个堵塞时另一个正常供液。每次供液均应将整袋基质浇透。

（2）管理技术 营养液管理技术参照本节2.甜瓜复合基质槽培的相关内容。

4. 岩棉栽培

岩棉栽培是指以长方形的塑料薄膜包裹的岩棉种植垫为基质，种植时在其表面塑料膜开孔，安放栽有幼苗的定植块，并向岩棉种植垫中滴加营养液的无土栽培技术，可分为开放式岩棉栽培和循环式岩棉栽培两种。这里主要介绍开放式岩棉栽培（图11-9）。

图11-9　蔬菜开放式岩棉栽培

　　开放式岩棉栽培是指营养液不重复循环利用，多余营养液流入土壤或专用收集容器中。该栽培模式目前应用最多，设施结构简单，安装容易，造价较低，营养液易于管理，但通常有15%～20%营养液排出浪费。

（1）设施结构

　　1）栽培畦。首先整平地面，做成龟背形高畦。瓜类栽培畦畦宽150cm，畦高10～15cm，每畦放置2行岩棉垫，行距80cm。夯实土壤，畦两边平缓倾斜，形成畦沟，坡降1:100，畦长30～50m。畦上铺一层厚0.2～0.3mm白色或黑白双色塑料薄膜，薄膜紧贴地面，将岩棉与土壤隔开，薄膜接口不要安排在畦沟中。畦上两行种植垫间距较大，可作为工作通道，畦沟可用于摆放供液管及排液。温室一端设置排液沟，及时排除废液。

　　冬季栽培时可在种植垫下安放加温管道。可先在摆放种植垫位置处放置一块中央有凹槽的泡沫板隔热。畦上铺一层黑白双色薄膜，膜应能盖住畦沟及两侧两行种植垫。放上种植垫后把两侧薄膜向上翻起，漏出黑色底面，并盖住种植垫。

　　也可采用小垄双行形式，并行起两条小垄，夯实后铺一层薄膜，在每条小垄上摆放岩棉垫。两条小垄间低洼处可作为排液沟，还可铺设加热管道兼作田间操作车轨道。

此外，高档栽培还可采用支架式岩棉床栽培等（图11-10）。

图11-10　蔬菜支架式岩棉床栽培

2）岩棉种植垫。种植垫为长方体，厚度75～100mm，宽度150～300mm，长度800～1330mm。每条种植垫可定植2～3株蔬菜。

3）供液系统。可离地1m处建1个储液池，利用重力水压差通过各级管道系统流到各滴头进行供液。以每100m²设施面积设置0.6～1m³的储液池为标准。也可不设储液池，只设A、B浓缩液储液罐，供液时启动活塞式定量注入泵，分别将两种浓缩液注入供水主管道，按比例与水一起进入肥水混合器（营养液混合器）混成栽培液。供液主管上安装过滤器，防止堵塞滴头。

供液管道分为主管道、支管道和水阻管等多级。栽培行内的供液管（支管或二级管）管径应在16mm以上。滴灌最末一级管道称为水阻管，每株1根。水阻管与供液管之间可用专用连接件连接。也可先用剪刀将水阻管一端剪尖，再用打孔器在供液管上钻出1个比水阻管稍小的孔，用力将水阻管插入。水阻管流量一般为每小时2L以上。应定期检查滴头，及时清理过滤器，并每隔3～5天用清水彻底清理1次滴灌系统。

水阻管的出液端用一段小塑料插杆架住，称为滴箭，出液口距基质表面2～3cm，以免水泵停机时供液管营养液回流吸入岩棉中小颗粒，造成堵塞。

营养液供液可通过定时器和电磁阀配合进行自动控制，也可通过感应探头感应岩棉块中营养液含量变化，当低于设定值时启动电磁阀开始供液。

4）排液系统。每块岩棉块侧面距地面 1/3 处切开 2～3 个 5～7cm 长的口，多余营养液由切口处排至废液收集池，用于叶菜深液流无土栽培或直接浇灌土壤栽培的蔬菜。

> 【注意】 废液集液池可设置于连栋温室外的空地上，需防渗水设计。面积为 2000～2667m² 的连栋温室，废液集液池内径尺寸为长 1.5m、宽 1.5m、深 1.7m。池底设置废液、杂质收集穴，池口设置盖板。

（2）管理技术

1）育苗。甜瓜可采用岩棉育苗。方法如下：先在槽盘中用清水浸透岩棉块，将催芽种子放入育苗块中央孔隙，深 1cm 左右。当孔隙较大时可覆盖 1 层蛭石或复合基质。之后覆盖地膜保湿，出苗后揭除。出苗后用喷壶从上方喷淋 EC 值 1.5ms/cm、pH6～6.9 营养液。幼苗长出真叶后移栽至定植块中。先用清水将定植块浸透，然后将育苗块塞入定植块中央小孔中。几天后，根系即可下扎入定植块中。瓜类幼苗 3 片真叶前可用 EC 值 2.5～3.0ms/cm 营养液浇灌。

2）定植。定植前 3 天先将岩棉垫上部定植位置薄膜划开，形成方洞或圆洞，然后用 EC 值 2.5～3.0ms/cm 营养液彻底湿透，定植时只需把定植块摆放在方洞位置，将滴箭插到定植块上开始供液（图 11-11）。

图 11-11　蔬菜岩棉定植

3）营养液管理。根据张力计法测定基质的含水量确定供液量。可在温室中选择 5~7 个点，在每个点的岩棉垫的上、中、下三层中安装 3 支张力计。根据每株甜瓜所占岩棉基质体积和不同阶段适宜田间持水量，计算出每株甜瓜需要的营养液量。一旦张力计显示基质水分下降 10% 时即开始供液，并可计算出供液量和供液时间。如岩棉电导率较高（EC 值 > 3.5ms/cm）时，则需洗盐。方法为：果实膨大期之前，增加供液时间或供应较低浓度营养液（EC 值 1.0ms/cm 左右）；果实膨大期之后，增加供液时间。

供液次数和时间。供液次数要多，每次供液时间要短。以 Grodan 岩棉为例，一般每天供液 20 次左右，当天气炎热、空气干燥、阳光充足时须多供液。阴天、多雨、空气湿度大时，供液次数可降至每天 5 次甚至更少。每次供液时间可取决于岩棉块电导率，一般情况下岩棉块电导率应为 1.0ms/cm，每次排除的营养液应为供液总量的 15%~20%。

供液浓度应根据甜瓜不同生育阶段确定适宜的 EC 值。但需注意：从果实成熟前半个月开始至采收期，营养液浓度应逐步提高，以增加果实糖度，提高品质。EC 值上调后不能降低，否则易导致裂瓜。从果实成熟前半个月开始至采收期，可在每 1000kg 营养液中添加 0.05kg 磷酸二氢钾，可提高甜瓜品质。

4）pH 管理。采用 pH 计测定，应保持 pH 在 6.0~7.0，最适为 6.5~6.8，与 EC 值的测定同时进行。

——第十二章——
甜瓜病虫害诊断与防治技术

第一节 甜瓜侵染性病害防治技术

1. 猝倒病

【病原】 瓜果腐霉，属鞭毛菌亚门真菌。

【症状】 猝倒病主要在甜瓜苗期发病。幼苗感病后茎基部呈水浸状，植株倒伏，随病情发展感病部位缢缩，后变成黄褐色，干枯呈线状（彩图5）。

【发生规律】 病菌以卵孢子在土壤表土层中越冬，条件适宜时萌发产生孢子囊释放游动孢子或直接长出芽管侵染幼苗。借助雨水、灌溉水传播。病菌生长适温为 15～16℃，适宜发病地温 10℃，苗期遇低温高湿、光照不足条件易于发病。猝倒病多在幼苗长出 1～2 片真叶期发生，3 片真叶后发病较少。

【防治方法】

1) 农业措施。育苗床应地势较高、排水良好，施用的有机肥应充分腐熟。选择晴天浇水，不宜大水漫灌。加强苗期温度、湿度管理，及时放风降湿，防止出现 10℃ 以下低温高湿环境。

2) 床土处理。每平方米床土用 50% 福美双可湿性粉剂、25% 甲霜灵可湿性粉剂、40% 五氯硝基苯粉剂或 50% 多菌灵可湿性粉剂 8～10g 拌入 10～15kg 细土中配成药土，播种前撒施于苗床营养土中。出苗前保持床土湿润，以防药害。

3) 药剂防治。发现病株应及时拔除。发病初期用以下药剂防

治：72.2%霜霉威盐酸盐水剂 800～1000 倍液、15% 噁霉灵水剂
1000 倍液、84.51%霜霉威·乙磷酸盐可溶性水剂 800～1000 倍液、
687.5g/L 氟哌菌胺·霜霉威悬浮剂 800～1200 倍液、69% 烯酰吗啉
可湿性粉剂 600 倍液、64% 噁霜·锰锌可湿性粉剂 500 倍液等，兑水
喷淋苗床，视病情每 7～10 天防治 1 次。

2. 白粉病

【病原】 瓜类单丝壳白粉菌，属子囊菌亚门真菌。

【症状】 甜瓜整个生育期内均可发病，主要为害叶片，发病严
重时也可为害茎蔓或果实（彩图 6）。叶片发病初期叶片正面或背面
出现白色近圆形小粉斑，逐渐扩大成边缘不明显的连片粉斑，随后
许多病斑连在一起布满整个叶片。随病情发展，白色粉状物逐渐变
成灰白色或红褐色，后期产生黑褐色小点，叶片枯黄坏死，但一般
不脱落。茎蔓或果实发病与叶片相似，初期产生小圆形粉斑，后期
白色粉状霉层布满茎蔓或果实。

【发生规律】 病菌以菌丝体或菌囊壳随寄主植物或病残体越冬，
第二年春产生子囊孢子或分生孢子侵染植株。田间温度 16～24℃，
湿度 90%～95% 时，白粉病容易发生流行。高温干旱条件下，病情
受到抑制。由于白粉病发生的温度范围较宽，因此已发过病的连作
地块一般均可发生。

【防治方法】

1）农业措施。适当增施生物菌肥和磷、钾肥，避免过量施用氮
肥。加强田间管理，及时通风换气，降低湿度。收获后及时清除病
残体，并进行土壤消毒。

2）药剂防治。发病初期，用以下药剂防治：25% 嘧菌酯悬浮剂
1500 倍液、10% 苯醚甲环唑水分散粒剂 2500～3000 倍液、62.25%
腈菌唑·代森锰锌可湿性粉剂 600 倍液、12% 腈菌唑乳油 2000～
3000 倍液、32.5% 苯醚甲环唑·嘧菌酯悬浮剂 3000 倍液、10% 苯醚
菌酯悬浮剂 1000～2000 倍液、300g/L 醚菌·啶酰菌悬浮剂 2000～
3000 倍液等，兑水喷雾，视病情每 5～7 天防治 1 次。

3. 霜霉病

【病原】 古巴假霜霉菌，属鞭毛菌亚门真菌。

【症状】　幼苗期和成株期均可发病，主要为害叶片。幼苗发病，子叶正面出现黄化褪绿斑，后变成不规则的浅褐色枯萎斑。湿度大时叶背面长出紫灰色霉层。成株多从下部老叶开始发病，初期叶面长出浅绿色小斑点，逐渐变成黄色，沿叶脉扩展成为多角形褐色斑点，潮湿时叶背面出现紫灰色霉层，后期变成黑色霉层。病势由下而上逐渐蔓延。高湿条件下，病斑迅速扩展融合成大斑块，全叶黄褐色，干枯卷缩，下部叶片死亡（彩图7）。

【发生规律】　以卵孢子在土壤中越冬，第二年条件适宜时病菌借气流、雨水和灌溉水传播。病害温度适应范围较宽，田间气温为16℃时易发病，适于流行的气温为16~24℃。高于30℃或低于15℃病害受到抑制。温度条件满足时，高湿和降雨是病害流行的决定因素，尤其日平均气温在16~24℃，相对湿度大于80%时，病害迅速扩展。

【防治方法】

1）农业措施。选用抗病品种。合理轮作和施肥，及时排除田间积水。棚室栽培应合理密植，及时整蔓和适时放风降湿。

2）药剂防治。发病初期采用以下药剂防治：50%烯酰吗啉可湿性粉剂1000~1500倍液、72.2%霜霉威盐酸盐水剂800倍液、72%霜脲·锰锌可湿性粉剂800倍液、64%噁霜·锰锌可湿性粉剂400~500倍液、20%氟吗啉可湿性粉剂600~800倍液、687.5g/L霜霉威盐酸盐·氟吡菌胺悬浮剂800~1200倍液、84.51g/L霜霉威·乙磷酸盐水剂600~1000倍液、68%金雷水分散粒剂500~600倍液、72%霜疫清可湿性粉剂700倍液、25%甲霜灵可湿性粉剂800倍液、25%苯霜灵乳油350倍液、250g/L吡唑醚菌酯乳油1500~3000倍液、25%烯肟菌酯乳油2000~3000倍液、60%唑醚·代森联水分散粒剂1000~2000倍液等，兑水喷雾，视病情每5~7天防治1次。

4. 枯萎病

【病原】　尖镰孢菌甜瓜专化型，属半知菌亚门真菌。

【症状】　甜瓜枯萎病属于土传病害，全生育期均可发病。苗期染病，子叶萎蔫或全株枯萎，导致猝倒，茎基部变褐缢缩。成株发病初期，病株表现为叶片自下而上逐渐萎蔫，后枯萎下垂。茎蔓上

出现纵裂，裂口处出现黄褐色胶状物，剖茎可见维管束变黄褐色，潮湿条件下病部常有白色或粉红色霉层。病株根部发病初呈水浸状褐色，严重时腐烂，易拔起（彩图8）。

【提示】 应注意枯萎病与疫病区别在于疫病病株不流胶，常自叶柄基部发病，发病部位以上茎蔓枯死，病部明显缢缩。

【发病规律】 病菌主要以厚垣孢子、菌丝体在土壤病残体或未腐熟肥料中越冬。病菌在田间主要随农事操作、地下害虫等传播，属积年流行病害。条件适宜时，病菌通过根部伤口或根尖侵入。气温15～20℃，根系发育不良、有伤口时容易发病。排水不良，害虫较多，土壤偏酸等均有利于发病。该病害从结瓜至采收期间易发生，生产上应加以注意。

【防治方法】

1）农业措施。注意换茬轮作。施用充分腐熟的有机肥。提倡小水灌溉，忌大水漫灌。适当增施生物菌肥以及氮磷钾平衡施肥，提高植株抗性。注意通风降湿，收获后及时清除病残体并进行土壤消毒。

2）嫁接防病。用南瓜砧木进行嫁接栽培，防病效果明显。

3）土壤处理。甜瓜连作棚室可用石灰稻草法或石灰氮进行土壤消毒，并在定植前几天大水漫灌和高温闷棚。

4）药剂防治。发病前至发病初期用下列药剂防治：70%噁霉灵可湿性粉剂2000倍液、3%噁霉·甲霜水剂600～800倍液、45%噻菌灵悬浮剂100倍液、50%甲基硫菌灵可湿性粉剂500倍液、80%代森锰锌可湿性粉剂600倍液、50%多菌灵可湿性粉剂500倍液、50%苯菌灵可湿性粉剂500～1000倍液等，兑水灌根，每株250mL，视病情每5～7天防治1次。

5. 蔓枯病

【病原】 瓜类球腔菌，属半知菌亚门真菌。

【症状】 主要为害茎蔓、叶片或叶柄。叶片发病初期从叶缘开始长有褐色病斑，后整个叶片枯死。叶柄受害初期基部出现黄褐色椭圆形或条形病斑，后病部缢缩，其上部叶片枯死。茎蔓发病初期，节间部位出现浅黄色油渍状斑，病部分泌赤褐色胶状物。后期病斑干枯、凹陷、呈白色，其上着生黑色小粒点。果实染病，病斑圆形，初也呈油渍状、浅褐色略下陷，斑上生有小黑点，并出现不规则圆形龟裂，湿度大时病斑扩大腐烂（彩图9）。

【发病规律】 病菌随病残体在土壤或棚室内越冬，借气流、雨水、灌溉水等传播和再侵染。从茎蔓节间、叶片等气孔或伤口侵入。适宜发病温度为20~25℃，5月下旬~6月上中旬降雨较多时该病易发生流行。连作，瓜蔓郁闭，通风不良，排水不畅，棚室内高温高湿，土壤酸化（pH为4~6）等均利于发病。

【防治方法】

1）农业措施。与非瓜类作物轮作。提倡高畦或起垄种植，避免大水漫灌。施用有机肥并充分腐熟，适当增施磷钾肥，防止后期脱肥。拉秧后及时清除病残体等。

2）药剂防治。发病初期用以下药剂防治：80%代森锰锌可湿性粉剂600倍液、10%苯醚甲环唑水分散粒剂1200倍液、50%甲基硫菌灵可湿性粉剂1000~1500倍液、40%氟硅唑乳油3000倍液、325g/L苯甲·嘧菌酯悬浮剂1500~2500倍液、60%吡唑·代森联可湿性粉剂1200倍液、30%琥胶肥酸铜可湿性粉剂500~800倍液+70%代森联悬浮剂700倍液等，兑水喷雾，视病情每5~7天防治1次。

【提示】 蔓枯病发病严重时，可将药剂用量加倍后用毛刷涂刷病茎。

6. 病毒病

【病原】 花叶型是由黄瓜花叶病毒和甜瓜花叶病毒侵染所致。绿斑驳型是由黄瓜绿斑驳花叶病毒侵染所致。

【症状】 田间主要有两种表现症状。花叶型叶片叶脉稍透明，叶脉或部分叶肉变黄，叶片黄绿相间，植株节间缩短、矮化。斑驳型叶片变小，叶片凹凸不平，斑驳扭曲（彩图10）。果实发病，果面凹凸不平，严重者果实畸形，失去商品价值。

【发病规律】 病毒不能在病残体上越冬，借蚜虫或枝叶摩擦传毒，发病适温为 20～25℃。高温、干旱条件下，蚜虫、白粉虱发生严重时发病较重。

【防治方法】

1）农业措施。培育无毒壮苗。施足有机肥，适当增施磷钾肥，提高自主抗病力。温室放风口安装防虫网，秋延迟茬棚膜遮盖遮阳网，降温防蚜、白粉虱和蓟马等。设置黄板诱蚜，并及时拔除病株。

2）药剂防治。蚜虫、白粉虱是病毒传播的主要媒介，可用以下杀虫剂进行喷雾防治：240g/L 螺虫乙酯悬浮剂 4000～5000 倍液、10% 吡虫啉可湿性粉剂 1000 倍液、3% 啶虫脒乳油 2000～3000 倍液、50% 抗蚜威可湿性粉剂 2000 倍液、25% 噻虫嗪可湿性粉剂 2500～5000 倍液、2.5% 氯氟氰菊酯水剂 1500 倍液、10% 烯啶虫胺水剂 3000～5000 倍液。

发病前或初期用以下药剂防治：20% 吗啉胍·乙铜可湿性粉剂 500～800 倍液、2% 宁南霉素水剂 300～500 倍液、7.5% 菌毒·吗啉胍水剂 500～700 倍液、1.5% 硫铜·烷基·烷醇水乳剂 300～500 倍液、3.95% 吗啉胍·三氮唑核苷可湿性粉剂 800～1000 倍液等，兑水喷雾，视病情每 5～7 天防治 1 次。

7. 叶枯病

【病原】　瓜链格孢菌，属半知菌亚门真菌。

【症状】　主要为害叶片。发病初期，在叶面出现水浸状小圆斑，或不规则状黄褐斑。病斑逐渐扩大融合为大斑，病部变薄，病斑中心略凹陷，叶片大面积干枯呈深褐色。果实染病，果面产生褐色凹陷斑，可深入果肉，引起果实腐烂（彩图 11）。

【发生规律】　病菌主要随病残体越冬或种子带菌传播。由气孔侵入，多借气流、雨水传播，可发生多次重复再侵染。发病适温为 22～26℃，棚室湿度较大或多雨季节发病重。施用未腐熟有机肥，种植密度过大，偏施氮肥，田间积水等易发病流行。

【防治方法】

1）农业措施。尽量实行轮作换茬。氮磷钾平衡施肥，及时通风降湿或排除田间积水。

2）药剂防治。发病初期用下列药剂进行防治：50% 异菌脲悬浮剂 1000 ~ 1500 倍液、50% 腐霉利可湿性粉剂 1000 ~ 1500 倍液、80% 代森锰锌可湿性粉剂 800 倍液、30% 嘧菌酯悬浮剂 2500 ~ 3000 倍液、70% 甲基硫菌灵可湿性粉剂 500 倍液、20% 嘧菌胺酯水分散粒剂 1000 ~ 2000 倍液、10% 苯醚甲环唑水分散粒剂 1500 倍液、50% 福美双·异菌脲可湿性粉剂 800 ~ 1000 倍液、560g/L 嘧菌·百菌清悬浮剂 800 ~ 1000 倍液，兑水喷雾，视病情每 5 ~ 7 天防治 1 次。

8. 细菌性角斑病

【病原】 丁香假单孢菌黄瓜致病变种，属细菌。

【症状】 全生育期均可受害，主要为害叶片，果实和茎蔓也可受害。发病初期，叶片正面长出水浸状浅黄色凹陷斑点，叶背面呈现浅绿色水渍状斑，逐渐变成褐色病斑，受叶面限制呈多角形，湿度大时叶背面溢出白色菌脓。果实染病，果面长出油渍状黄绿色斑点，表面可见乳白色菌脓，后变成暗褐色坏死斑。果实上病斑可向内扩展，沿维管束果肉逐渐变色，并可蔓延到种子（彩图 12）。

> 【注意】 甜瓜细菌性角斑病和霜霉病均可导致叶片干枯，但二者的主要区别是细菌性角斑病叶片干枯后病部脆裂出现穿孔。

【发生规律】 病原细菌可在种子内或随病残体在土壤中越冬。从植株气孔、水孔、皮孔或伤口等侵入，借助棚膜滴水、叶片吐水、雨水、气流、昆虫或农事操作等进行传播。适宜发病温度为 24 ~ 28℃，相对湿度为 70% 以上可促进该病害流行。低洼连作地块发病重。

【防治方法】

1）农业措施。提倡高垄覆膜、膜下暗灌栽培模式。棚室适时通风降湿，及时整枝吊蔓，及时摘除病叶或拔除病残体，病穴撒石灰消毒。

> 【注意】 棚室甜瓜整枝、吊蔓等农事操作应尽量选择晴天或下午进行，阴天、上午露水较多湿度较大时会加重病害发生。

2）药剂防治。细菌性角斑病防治应以预防为主，发病初期用以下药剂防治：86.2%氧化亚铜水分散粒剂 1000～1500 倍液、46.1%氢氧化铜水分散粒剂 1500 倍液、27.13%碱式硫酸铜悬浮剂 800 倍液、47%加瑞农可湿性粉剂 800 倍液、50%琥胶肥酸铜可湿性粉剂 500 倍液、88%水合霉素可溶性粉剂 1500～2000 倍液、3%中生菌素可湿性粉剂 1000～1200 倍液、20%噻菌铜悬浮剂 1000～1500 倍液、20%叶枯唑可湿性粉剂 600～800 倍液、14%络氨铜水剂 300 倍液、60%琥铜·乙膦铝可湿性粉剂 600 倍液、47%春·氧氯化铜可湿性粉剂 700 倍液、72%农用链霉素可溶性粉剂 3000～4000 倍液等，兑水喷雾，每 5～7 天防治 1 次。

9. 细菌性叶枯病

【病原】 野油菜黄单孢杆菌瓜叶斑治病变种，属细菌。

【症状】 全生育期均可发病，主要为害叶片。发病初期，叶片正面出现不明显褪绿斑，叶背面出现水渍状斑点，病斑逐渐扩大成圆形或多角形褪绿斑，周围带有褪绿晕圈，病部坏死后呈黄色或黄褐色，大小差别较大，有的病斑较薄（彩图 13）。果实发病初期产生水浸状小斑点，后呈白色疮痂状斑，病斑周围有水浸状晕圈。

> 【注意】 细菌性角斑病和细菌性叶枯病均属细菌性病害，二者之间的区别在于后者叶背面无白色菌脓出现。

【发生规律】 病菌主要通过种子带菌传播，在土壤中存活十分有限。病菌生长最适温度为 25～30℃，36℃仍能生长，40℃不能生长，致死温度为 49℃。棚室平畦大水漫灌，无地膜覆盖植株易发病。

【防治方法】

1）农业措施。注意倒茬轮作。温室栽培及时通风降湿，提供高垄覆膜，膜下暗灌，小水勤浇。避免上午湿度大时因农事操作而产生伤口。收获后及时清除病残体。

2）药剂防治方法参照本节 8. 细菌性角斑病的防治方法。

10. 甜瓜根结线虫病

【病原】 南方根结线虫，属动物界线虫门。

【症状】 主要为害甜瓜根部，在根上形成大小不一的球形或不规则状根结，单生或串生，初期为白色，后变为褐色（彩图14）。地上部初期无明显症状，中后期中午温度升高时易萎蔫，地上部长势衰弱，叶片由下向上变黄干枯，影响果实发育，严重时整株萎蔫死亡。

【发生规律】 根结线虫以2龄幼虫或卵随病根在土壤中越冬，第二年条件适宜时越冬卵孵化为幼虫，幼虫侵入甜瓜幼根，刺激根部细胞增生成根结或根瘤。根结线虫虫瘿主要分布于20cm表土层内，以3~10cm的最多。病原线虫具有好气性，活动性不强，主要通过病土、病苗、灌溉和农具等途径传播。温度25~30℃、相对湿度40%~70%条件下线虫易发生流行。高于40℃、低于5℃时活动较少，55℃经10min可致死。连作地块、沙质土壤、棚室等发生较重。

【防治方法】

1）农业措施。发病地块实行轮作，棚室甜瓜夏季换茬时与禾本科作物，如糯玉米、甜玉米等轮作效果和生产效益良好。采用无病土育苗和深耕翻晒土壤可减少虫源。收获后及时彻底清除病残体。

2）物理防治。7~8月或定植前1周进行高温闷棚结合石灰氮土壤消毒、淹水等可降低病害发生。

3）生物防治。利用生防制剂，如"沃益多"微生物菌肥等可减缓病虫危害。

4）药剂防治。可结合整地采用下列药剂进行土壤处理：5%阿维菌素颗粒剂3~5kg/亩、98%棉隆微粒剂3~5kg/亩、10%噻唑磷颗粒剂2~5kg/亩、10%克线丹颗粒剂3~4kg/亩等。生育期间发病，可用1.8%阿维菌素乳油1000倍液、48%毒死蜱乳油500倍液灌根，每株25mL，每隔5~7天防治1次。

11. 灰霉病

【病原】 灰葡萄孢菌，属半知菌亚门真菌。

【症状】 主要为害幼瓜、叶片、花、茎蔓。叶片感病，病菌先从叶片边缘侵染，病斑略呈"V"字形（彩图15），并向叶片深度扩展，表面有浅灰色霉层。果实受害，多从雌花花瓣侵染，花瓣腐烂后果蒂顶端开始发病，并向内扩展，致使幼瓜感病呈灰白色软腐状，病部有灰绿色霉层（彩图16）。

【发生规律】 病菌以菌核、菌丝体或分生孢子在土壤和病残体上越冬。从植株伤口、花器官或衰老器官侵入，花期是染病高峰期，借气流、灌溉或农事操作传播。病菌生长适宜温度为 18～24℃，发病温度为 4～32℃，最适温度为 22～25℃，空气湿度90%以上、植株表面结露易诱发此病，属低温高湿型病害。

【防治方法】

1）农业措施。棚室甜瓜提倡高垄覆膜、膜下暗灌或滴灌的栽培模式。适时通风换气，降低湿度。及时进行整枝、打杈、打老叶等植株调整，摘（清）除病果、病花、病叶或病残体。氮磷钾平衡施肥促植株健壮。

【提示】 棚室甜瓜脱落的烂花或病卷须落在叶片上易引发灰霉病发生，因此植株下部开败的花朵和掐下的须等应装在随身塑料袋中及时带出棚室集中销毁。

2）药剂防治。棚室甜瓜拉秧后或定植前采用30%百菌清烟剂1.5kg/亩、20%腐霉利烟剂1kg/亩或20%噻菌灵烟剂1kg/亩熏闷棚12～24h。或采用40%嘧霉胺悬浮剂 600 倍液、50%敌菌灵可湿性粉剂 400 倍液、45%噻菌灵可湿性粉剂 800 倍液等进行地表和环境灭菌。

发病初期采用以下药剂防治：50%腐霉利可湿性粉剂 1500～3000 倍液、40%嘧霉胺可湿性粉剂 800～1200 倍液、50%嘧菌环胺可湿性粉剂 1200 倍液、30%福·嘧霉可湿性粉剂 800～1000 倍液、45%噻菌灵可湿性粉剂 800 倍液、25%啶菌噁唑乳油 1000～2000 倍液、2%丙烷脒水剂 800～1200 倍液，兑水喷雾，每 5～7 天防治1 次。

12. 缘枯病

【病原】 假单孢杆菌边缘假单胞致病菌，属细菌。

【症状】 主要为害叶片、叶柄、茎蔓和幼瓜。叶片感病初期，叶缘和叶脉周围产生水渍状小褐色斑点，逐渐扩展成为黄褐色不规则坏死斑，病斑间连接，叶缘呈"V"字形大褐色斑，随病情发展叶片逐渐枯死（彩图 17）。叶柄、茎蔓感病，呈油渍状褐色斑，后坏死。果实染病，果面长有油渍状褪绿斑点，潮湿环境下果实腐烂，流出菌脓。

【发生规律】　病菌随病残体在土壤中越冬或种子带菌传播。病菌从叶孔进入，借雨水、灌溉和植株整理等农事操作传播。棚室环境高湿、田间积水和叶面结露均可致病害加重。

【防治方法】　参考本节 7. 叶枯病的防治方法。

13. 软腐病

【病原】　胡萝卜软腐欧氏杆菌胡萝卜软腐致病变种，属细菌。

【症状】　主要为害果实，有时侵染茎蔓。病菌多从果实生理裂口、伤口或与地面接触处开始侵入，果面出现水渍状暗绿色至深绿色病斑，病斑扩大后病部软化、凹陷，后转色为黄褐或暗褐色，病斑周围形成水渍状晕环，并迅速由病部向内腐烂，发出恶臭味（彩图 18）。茎蔓多从伤口处开始侵染，病部呈暗绿色水渍状软腐，常溢出菌脓，后期病部仅剩维管束组织或腐烂折断，病部以上组织萎蔫枯死。

【发生规律】　病菌随病残体在土壤中越冬。条件适宜时，随雨水、灌溉、昆虫或农事操作传播。病菌侵入后分泌果胶酶溶解中胶层，导致细胞组织溃烂，内部水分外溢，果实和茎蔓腐烂。

【防治方法】

1）农业措施。加强水分管理，避免过于干旱后浇水引发裂瓜。及时防治瓜绢螟、果蝇等蛀果害虫。避免田间积水，及时通风降湿。收获后及时清除病残体和病果。

2）药剂防治方法。参考本节 8. 细菌性角斑病的防治方法。

14. 炭疽病

【病原】　葫芦科刺盘孢，属半知菌亚门真菌。

【症状】　全生育期均可发病。主要为害叶片、茎蔓、叶柄和果实。幼苗发病，子叶边缘出现圆形或半圆形稍凹陷的褐色病斑，植株基部呈浅褐色，缢缩倒伏。成株发病，初为水渍状小斑点，逐渐扩展成为近圆形病斑，呈黄褐色或红褐色，边缘有黄色晕圈，后期病斑逐渐凹陷有不明显的小黑点状轮纹，潮湿时，病部产生粉红色黏稠状物。随病情发展，病斑相互连片，叶片焦枯死亡。茎蔓和叶柄染病，病斑呈菱形或长圆形，黄褐色凹陷或纵裂，有时表面着生粉红色小点。果实受害，初为褪绿水渍状斑点，后扩大成为暗褐色至黑褐色近圆形轮纹状病斑，后期产生粉红色黏稠物（彩图 19）。

【发生规律】　病菌随病残体在土壤中越冬或种子带菌传播。病菌从伤口或直接由表皮侵入，随雨水、灌溉水、昆虫和农事操作传播，形成初侵染，发病后病部产生分生孢子，形成频繁再侵染。发病适温为 27℃，适宜相对湿度为 85%～95%，属高温高湿型病害。棚室湿度高，叶片吐水或结露，田间排水不良，行间郁闭，通风不畅，偏施氮肥均可诱发该病发生。

【防治方法】

1）农业措施。棚室甜瓜提倡高垄覆膜、膜下暗灌或滴灌的栽培模式，避免田间积水。加强棚室温、湿度管理，及时放风降湿。避免阴雨天或露水落干前整枝、采收等农事操作，避免偏施氮肥。及时清除病果或病残体，收获后进行环境灭菌。

2）药剂防治。发病初期可采用以下药剂防治：25% 溴菌腈可湿性粉剂 800 倍液、70% 甲基硫菌灵可湿性粉剂 700 倍液、10% 苯醚甲环唑水分散粒剂 1000～1500 倍液、80% 代森锰锌可湿性粉剂 800 倍液、40% 多·福·溴菌腈可湿性粉剂 800～1000 倍液、25% 咪酰胺乳油 1000～1500 倍液、60% 唑醚·代森联水分散粒剂 1500～2000 倍液等，兑水喷雾，每 7～10 天防治 1 次。

15. 叶点病

【病原】　叶点霉菌，属半知菌亚门真菌。

【症状】　此病主要为害叶片。病斑初为水渍状褐色小点，边缘褪绿，随病斑扩展中部颜色变浅，逐渐干枯，周围具水渍状浅绿色晕环，病斑直径为 0.5～6mm，后期病斑中部呈薄纸状，浅黄色至灰白色，易破裂，病斑产生少量不明显黑点，即病菌分生孢子。严重时叶片上病斑密布，致病叶早衰枯死（彩图 20）。

【发生规律】　病菌主要以菌丝体和分生孢子随病残体在土壤中越冬。条件适宜时以分生孢子进行初侵染和再侵染，靠雨水、灌溉水传播蔓延，高温潮湿利于发病。

【防治方法】

1）农业措施。重病地块或棚室实行与非瓜类蔬菜轮作。加强田间管理，避免田间积水，发病后增加通风，降低田间湿度。

2）化学防治。发病初期可采用以下药剂防治：70%甲基硫菌灵可湿性粉剂600倍液、40%多硫悬浮剂500倍液、50%异菌脲可湿性粉剂1500倍液、40%氟硅唑乳油8000倍液等，兑水喷雾，每7～10天防治1次。

16. 褐点病

【病原】 由一种病毒侵染所致，毒源不详，有待研究。

【症状】 此病主要侵害叶片，多全株发病，发病初期病叶密布褪绿病斑，逐渐黄化，最后发展为橘黄色不规则坏死病斑，边缘具有黄色晕环，多沿叶脉两侧分布。叶背病斑为浅黄色，边缘呈油绿色水渍状，略凹陷。病害严重时病株在短期内枯死，不能结瓜（彩图21）。

【发病规律】 从病害田间分布和发病情况看，此病可能由国外引进的种子带毒引起，其他发病条件与甜瓜叶脉坏死病毒相近似。

【防治方法】

1）农业措施。选用无病种子，播前种子用10%磷酸三钠浸种20min消毒。加强田间管理，及时防治蚜虫，拔出重病株等。

2）化学防治。发病前和发病初期可采用以下药剂防治：20%玛呱·乙酸铜可湿性粉剂500倍液、1.5%植病灵乳剂1000倍液、1%抗毒剂1号水剂800倍液等，兑水喷雾，每7～10天防治1次。

17. 黑斑病

【病原】 瓜链格孢，属半知菌亚门真菌。

【症状】 此病在甜瓜各生育期均可发生，主要侵害叶片，生长中后期受害严重。初期在叶背面出现浅黄色小点，周围水渍状，逐步发展成近圆形至不规则形黄褐色至暗褐色坏死斑，外围墨绿色，中央黄褐色，病斑边缘明显，大小差异大。叶正面病斑初为褪绿晕环小斑，以后发展成黄褐色坏死斑，近圆形，随病害发展，多个病斑相互连接成坏死大斑致叶片枯死。后期病斑正、背面均产生黑色霉状物，即病菌分生孢子梗和分生孢子（彩图22）。

【发病规律】 病菌以菌丝体或分生孢子随病残体或附着于发病

组织上越冬，也可随种子传播，第二年条件适宜时进行初侵染，借气流或雨水传播，分生孢子萌发可直接侵入叶片组织，发病后很快形成分生孢子进行再侵染。该病害发病温度为 5～40℃，适宜温度为 20～30℃，高温、高湿利于发病。甜瓜生长期高温多雨，浇水后通风不及时以及后期植株脱肥、早衰均可加重病害。

【防治方法】

1）农业措施。拉秧后彻底清除植株病残落叶，减少田间菌源，重病地块与非瓜类蔬菜轮作。增施有机肥，中后期适当追肥，提高植株抗病能力，浇水后增加通风，严禁大水漫灌。

2）化学防治。发病初期可采用以下药剂防治：50%异菌脲可湿性粉剂 1000 倍液、65%多果定可湿性粉剂 1000 倍液、50%敌菌灵可湿性粉剂 500 倍液、50%乙烯菌核利可湿性粉剂 1000 倍液、80%代森锰锌可湿性粉剂 800 倍液、2%农抗 120 水剂 300 倍液等，兑水喷雾，每 7～10 天防治 1 次。棚室种植也可选用 5%百菌清粉尘剂或 5%加瑞农粉尘剂 1kg/亩喷粉防治。

18. 靶斑病

【病原】 瓜棒孢霉，属半知菌亚门真菌。

【症状】 此病主要为害叶片，病斑初为浅褐色小点，后变成浅黄褐色近圆形病斑，边缘颜色略深，通常病斑较大，受叶脉限制，后期呈不规则形或多角形。有的病斑中部呈灰白至浅黄色。空气潮湿时，病斑上产生灰黑色稀疏绒霉，即病菌分生孢子梗和分生孢子。发病严重时，病斑汇合致叶片枯死（彩图 23、图 12-1）。

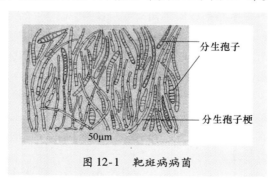

图 12-1 靶斑病病菌

【发病规律】 病菌以分生孢子<u>丛</u>或菌<u>丝</u>体随病残体在土壤中越冬，也可以厚垣孢子和菌核越冬。条件适宜时产生分生孢子，借气流、雨水或灌溉水传播，进行初侵染和再侵染，高温、高湿利于发病。该病发病温度为 20～30℃，相对湿度为 90% 以上。温度 25～27℃ 和湿度饱和时病害发生较重。甜瓜生长中后期高温高湿，阴雨天较多，放风不及时，昼夜温差过大等均有利于发病。

【防治方法】

1）农业措施。采收后彻底清除病残体，重病地块实行与非瓜类、豆类作物 2～3 年以上轮作。加强田间管理，雨后及时排水，棚室注意浇水后加强通风管理，降低空气湿度。

2）化学防治。发病初期可采用以下药剂防治：50% 敌菌灵可湿性粉剂 500 倍液、50% 乙烯菌核利可湿性粉剂 1000 倍液、40% 氟硅唑乳油 8000 倍液、6% 氯苯嘧啶醇可湿性粉剂 1500 倍液、70% 甲基硫菌灵可湿性粉剂 600 倍液、80% 代森锰锌可湿性粉剂 600 倍液等。兑水喷雾，每 7～10 天防治 1 次。棚室种植的也可选用 6.5% 甲霉灵粉尘剂 1kg/亩喷粉防治。

19. 根腐病

【病原】 瓜类腐皮镰孢菌，属半知菌亚门真菌。

【症状】 主要侵染根和根茎，染病部位初呈水渍状，后呈黄褐色坏死腐烂。湿度大时根茎表面产生白霉，其病部腐烂处维管束变褐，但不向上发展，这一点区别于枯萎病。随病害发展病部略缢缩，植株或幼苗叶片由下向上逐渐褪绿、萎蔫，最后枯死。后期病部腐烂，仅剩下丝状维管束组织（彩图 24）。

【发病规律】 病菌以厚垣孢子、菌丝体或菌核随病残体在土壤中越冬，其中厚垣孢子可在土壤中存活 5～10 年，为引发病害的主要侵染源。病菌从根部伤口侵入，发病后在病部产生分生孢子，借雨水或灌溉水传播蔓延，进行再侵染，高温高湿利于发病。连作，地势低洼，土壤黏重，地下害虫严重，施用未腐熟肥料烧伤根系等可加重病害。

【防治方法】

1）农业措施。重病区与十字花科、百合科等非瓜类蔬菜实行 3

年以上轮作。施用充分腐熟农家肥，精细整地，采用高畦覆膜栽培。严禁大水漫灌，避免雨后田间积水。注意防治地下害虫。浇水后及时松土，增强土壤透气性。

2）化学防治。发病初期可采用以下药剂防治：50%多菌灵可湿性粉剂500倍液、45%噻菌灵悬浮剂1000倍液、25%丙环唑乳油1500倍液、65%多果定可湿性粉剂1000倍液等灌根，每株浇灌药液150～300mL。

20. 根霉果腐病

【病原】 黑根霉菌，属接合菌亚门真菌。

【症状】 此病只为害果实，多侵染成熟或带伤的近成熟瓜，靠近地面的瓜更易受害。发病初期病斑不明显，染病后表现较大面积软化，之后在病部密生白色霉层，随病害发展在白色霉层上产生带黑色小颗粒的丝状物，最后病瓜腐烂（彩图25）。

【发病规律】 病菌为弱寄生菌，腐生性很强，广泛分布于田间，菌丝可在多汁蔬菜残体上腐生存活，孢囊孢子可在棚室内越冬。条件适宜时病菌由伤口或病弱部位侵入，分泌果胶酶，分解细胞间质，使组织软化腐烂。发病后产生分生孢子，随气流传播，引发重复侵染，温暖潮湿利于发病。发病最适温度为23～28℃，相对湿度为80%以上。甜瓜采收期多雨，田间积水，棚室内空气湿度高均可加重病害。肥水管理不当，果实出现生理裂口时发病较重。

【防治方法】

1）农业措施。适时采收，防止果实过熟。合理水肥管理，防止机械损伤和生理裂口。加强田间管理，雨后及时排水，避免田间积水，棚室加强通风管理，降低空气湿度。

2）化学防治。发病初期可采用以下药剂防治：50%多菌灵可湿性粉剂500倍液、70%甲基硫菌灵可湿性粉剂800倍液、40%多硫悬浮剂500倍液、50%异菌脲可湿性粉剂1500倍液、80%代森锰锌可湿性粉剂800倍液等，兑水喷雾，每7～10天防治1次。

21. 酸腐病

【病原】 卵形孢霉，属半知菌亚门真菌。

【症状】 该病主要发生在半成熟至成熟瓜上，病瓜初期呈水渍状，后发生软腐，果实表面产生一层致密的白色霉层，呈颗粒状，散发酸臭味。严重时可造成大批果实腐烂（彩图26、图12-2）。

【发病规律】 病菌以菌丝体随病残体在土壤中越冬，第二年条件适宜时侵染果实引发病害，病部产生分生孢子，借气流、雨水或灌溉水传播。植株中下部、与地面接触的果实或表面受伤的容易染病，果实储藏期间也可发病，高温高湿利于该病发生。结瓜期多雨，高湿发病较重。

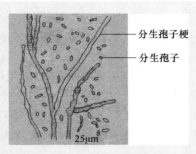

图 12-2 甜瓜酸腐病病菌

（标注：分生孢子梗、分生孢子、25μm）

【防治方法】

1）农业措施。收获后彻底清除病残组织，带到田外深埋，或集中妥善处理，减少田间菌源。采用高畦或高垄栽培。施足底肥，加强中后期管理，适时浇水追肥，减少生理裂口和机械伤口。雨后及时排除田间积水。发病后及时清除病株，避免大水漫灌。

2）化学防治。发病初期可采用以下药剂防治：50%多菌灵可湿性粉剂500倍液、70%甲基硫菌灵可湿性粉剂600倍液、30%噁霉灵水剂800倍液、10%双效灵水剂1500倍液、40%多硫悬浮剂400倍液、80%代森锰锌可湿性粉剂800倍液等，兑水喷雾，每7～10天防治1次。

22. 链孢霉红粉病

【病原】 链孢霉，属半知菌亚门真菌。

【症状】 多在甜瓜生长后期发生，主要侵染半成熟或成熟瓜，严重时也侵染茎蔓和叶柄。果实染病，病部初呈水渍状，后变褐坏死、组织腐烂，最后在其表面产生粉红色霉层，即分生孢子（彩图27）。茎蔓和叶柄染病，呈水渍状坏死腐烂，病部产生粉红色霉层，最后茎叶枯死。

【发病规律】 病菌随病残体在土壤中越冬，植株下部或接近地面的瓜易被侵染，具生理伤口或长势弱的果实易发病。高温高湿利于发病，夏季多雨或棚室浇水过多，空气潮湿时病害加重。

【防治方法】

1）农业措施。采用地膜覆盖，避免果实直接与地面接触。雨后及时排水，避免田间积水。果实成熟后及时采摘，及时摘除病瓜或发病组织，集中销毁。

2）化学防治。果实成熟前采用以下药剂防治：50%多菌灵可湿性粉剂 500 倍液、70%甲基硫菌灵可湿性粉剂 600 倍液、40%多硫悬浮剂 500 倍液、25%丙环唑乳油 1500 倍液、45%噻菌灵悬浮剂 1500 倍液等，兑水喷雾，每 7～10 天防治 1 次。

23. 红粉病

【病原】 粉红单端孢霉，属半知菌亚门真菌。

【症状】 此病主要为害果实，严重时也侵染叶片、叶柄和茎蔓。果实染病，多从果表皮裂口处开始侵染，初期在病部产生灰白色菌丝团，逐渐扩大形成灰白色至粉白色霉层，即病菌菌丝、分生孢子梗和分生孢子，随病害发展，病部软化腐烂（彩图 28）。环境湿度大时，叶片、叶柄和茎蔓也可受侵染，发病初期叶片产生暗绿色圆形至近圆形病斑，后变为不规则形浅黄褐色坏死斑，病斑大小差异较大，边缘呈水渍状，易破裂穿孔，长时间高湿可在病斑上产生稀疏浅橙色霉状物，即病菌分生孢子梗和分生孢子。叶柄和茎蔓染病后软化腐烂，病部产生灰白色至粉白色霉状物。

【发病规律】 病菌以菌丝体随病残体在土壤中越冬。第二年条件适宜时产生分生孢子，借气流或雨水传播，多由伤口侵染。发病后病部产生大量分生孢子，进行重复侵染，温暖潮湿利于发病。该病发育适温为 25～30℃，适宜相对湿度为 85% 以上。甜瓜生长期间阴雨天较多、光照不足或棚室内高温、潮湿，植株生长衰弱发病加重。

【防治方法】

1）农业措施。增施有机底肥，并合理密植。加强田间管理，及时浇水追肥，减少生理伤口。棚室浇水后加强通风管理，降低空气湿度。做好害虫防治，田间管理时避免出现机械损伤，及时清除中下部老、黄、病叶，改善通风透光条件。田间出现病瓜、病叶，及时摘除，集中妥善处理。采收后彻底清除病残植株，减少田间菌源。

2）化学防治。发病初期可采用以下药剂防治：50%敌菌灵可湿性粉剂500倍液、50%异菌脲可湿性粉剂1200倍液、70%甲基硫菌灵可湿性粉剂600倍液、80%代森锰锌可湿性粉剂800倍液、25%溴菌腈可湿性粉剂600倍液等，兑水喷雾，每7～10天防治1次。棚室可选用5%百菌清粉尘剂或5%加瑞农粉尘剂1kg/亩喷粉等。

24. 褐腐病

【病原】 铰链孢霉，属半知菌亚门真菌。

【症状】 此病主要为害成熟瓜，近地面或受生理伤害、衰弱瓜。病菌多从地面接触处或受伤部位侵染，病斑初为水渍状，后为黄褐色坏死斑，呈圆形、椭圆形或不规则形，大小差异大，凹陷，随病害发展病部组织软化腐烂，病斑表面密生黑色霉状物，即病菌分生孢子和分生孢子梗（彩图29）。

【发病规律】 病菌的寄主范围较广，腐生性强，可在多种蔬菜残体上存活。条件适宜时产生分生孢子，借气流、雨水或灌溉水传播，通常只侵染受伤、局部坏死或过熟果实。气温20～30℃，相对湿度90%左右开始发病。23～27℃和相对湿度高于90%适于病菌传播流行。甜瓜采收期多阴雨或棚室内湿度过大时发病较重。

【防治方法】

1）农业措施。成熟后及时采收。合理肥水管理，避免雨后积水，棚室应加强通风排湿，及时清除病瓜。

2）化学防治方法参见靶斑病。

25. 炭腐病

【病原】 瓜类黑腐小球壳菌，属子囊菌亚门真菌。

【症状】 此病主要为害瓜果，以近成熟瓜果最易染病，严重时也侵染叶片和茎蔓。瓜果染病，初形成水渍状近圆形斑，以后软化腐烂、明显凹陷，在病斑上逐渐产生炭黑色颗粒状物，即病菌分生孢子器。后期发展成炭黑色大型病斑，病瓜完全丧失食用价值（彩图30）。叶片染病，多形成褐色近圆形病斑，后期在病斑上产生黑色粒点，终致叶片枯死。茎蔓染病，病部多形成黑褐色肿瘤，并产生红褐色至琥珀色流胶，易断折，后期病部以上部分枯萎死亡。

【发病规律】 病菌以子囊座随病残组织越冬，或在其他瓜类作物上为害越冬，也可以分生孢子器随病残体越冬。条件适宜时子囊孢子和分生孢子均可形成初侵染。发病后病部产生分生孢子或子囊孢子，通过雨水、灌溉水、气流、昆虫等传播，进行再侵染。高温多雨，田间潮湿发病较重。

【防治方法】 参见本节5. 蔓枯病的防治方法。

26. 菌核病

【病原】 菌核盘菌，属子囊菌亚门真菌。

【症状】 此病主要为害叶片、茎蔓和叶柄，也侵染果实。叶片染病多侵染中下部叶，初期病斑水渍状，暗绿色，逐步发展为灰褐色坏死斑，边缘明显，黄褐色，具不明显轮纹，后期常破裂。茎蔓和叶柄染病呈不规则水渍状腐烂并快速向上、下发展，病部产生絮状白霉，最后变成鼠粪状菌核。果实染病多从脐部软化腐烂，在病部产生浓密白霉，最后形成菌核（彩图31、彩图32）。

【发病规律】 病菌以菌核在土壤中或附着在种子上越冬。在5~20℃并有足够水分时菌核萌发产生子囊盘。子囊弹放出的子囊孢子，经气流、灌溉水传播，侵染植株引发病害。棚室内主要通过发病组织上的菌丝与健株接触传染，使病害蔓延。该病害发病适温范围较宽，但不耐干燥，相对湿度85%以上时利于发病。此外，种苗染病可扩大传播。

【防治方法】

1）农业措施。甜瓜收获后及时清除病残体，深翻土壤，将残存菌核深埋于土壤深层使之不能萌发出土。病重棚室进行土壤和环境消毒处理。冬、春季棚室注意通风排湿，生长期及时打去基部老、黄、病叶，拔除病株。

2）化学防治。发病初期可采用以下药剂防治：65%甲霉灵可湿性粉剂600倍液、50%多霉灵可湿性粉剂700倍液、40%菌核净可湿性粉剂1200倍液、45%噻菌灵悬浮剂1200倍液、10%多抗霉素可湿性粉剂800倍液等，兑水喷雾，每7~10天防治1次。棚室也可采用上述药剂的粉尘剂喷粉或烟雾剂防治。

27. 白绢病

【病原】　齐整小核菌，属半知菌亚门真菌。

【症状】　甜瓜白绢病一般6~7月开始发病，主要为害茎蔓基部和贴近地面的果实，初呈褐色水渍状小斑，后病部迅速扩展至绕茎1周，并变为茶褐色腐烂，皮层易脱落，造成病部以上茎蔓、叶萎蔫枯死。湿度大时病部表面长出白色放射状菌丝，边缘尤为明显，后期产生油菜籽状褐色小菌核（彩图33）。

【发病规律】　主要以菌核或菌丝体在土壤中越冬，第二年条件适宜时菌核萌发产生菌丝，从寄主茎基部或根部侵入，潜育期3~10天。出现中心病株后，地表菌丝向四周蔓延。发病适温为30℃，高温及时晴时雨利于菌核萌发。连作地或酸性土壤或沙性地发病重。

【防治方法】

1）农业措施。每亩施用消石灰100~150kg调节土壤酸碱度，调到中性为宜。或施用有机活性肥、生物有机复合肥和腐熟有机肥。发现病株及时拔除，集中销毁。

2）化学防治。发病初期用50%异菌脲可湿性粉剂或20%甲基立枯磷可湿性粉剂1份，兑细土100~200份，撒施于病部根茎处。也可采用以下药剂防治：45%代森铵水剂2000倍液、40%福足乳油8000倍液、50%甲基立枯磷可湿性粉剂500倍液、40%多硫悬浮剂500~600倍液、50%硫黄悬浮剂250~300倍液，兑水喷雾，每7~10天防治1次。

【注意】　①部分瓜类品种对三唑酮类杀菌剂反应敏感，应慎用或掌握用药量，不可过量施用。②薄皮甜瓜应慎用硫黄悬浮剂，以免产生药害。

也可利用木霉菌防治白绢病。用培养好的木霉0.4~0.5kg加50kg细土，混匀后撒施在病株基部，每亩用量1kg，能有效地控制病害发展。棚室消毒还可以用硫黄或45%百菌清烟雾剂熏烟。

28. 泡斑病

【症状】　此病在棚室栽培过程中较为常见，主要为害叶片。染病叶片正面鼓起许多泡状病斑，叶背面叶脉间出现水渍状斑点。后期泡斑顶部褪绿变黄，逐渐变为黄褐色坏死斑，稍下陷，病斑背面凹陷呈油渍状。整个病叶凹凸不平呈泡泡状，叶组织增厚变脆，叶缘下卷（彩图 34）。

【发生规律】　病因尚不清楚，生育期间低温、光照不足是重要诱因。早春茬甜瓜生育前期温度较低，阴冷时间持续较长，光照严重不足，后期光照转好，气温上升较快，加之大水漫灌常诱发此病。偏施氮肥，施用未腐熟有机肥均会加重病害。另外，不同甜瓜品种对此病抗性存在明显不同。

【防治方法】　选择适合当地气候特点的抗病品种。氮、磷、钾平衡施肥，后期注意追施磷、钾肥。均衡浇水，避免大旱大涝。加强温室保温和光照管理。

第二节　甜瓜生理性病害防治技术

1. 冷害

【症状】　早春苗床或棚室均可发生。甜瓜 8℃ 以下即可发生冷害，轻者叶片边缘呈黄白色，造成生长停顿或大缓苗；稍重者叶缘卷曲、干枯，生长点停止生长，形成僵苗。严重时，植株发生生理失水，变褐枯死（彩图 35）。

【病因】　育苗期或定植后棚室设施性能不佳或未炼苗、炼苗不足等，遇低温幼苗易发生冷害。

【防治方法】　①改善育苗环境，保障苗期光温需求，促壮苗培育。②注意天气变化，简易棚室应及时增设小拱棚、保温幕帘等多层覆盖，提温保温。③发生冷害后，棚室可适当通风降温，勿使棚温迅速上升，以免根系吸水不足、蒸腾加大致生理失水。同时，可叶面喷施天达 2116 防冷害发生。

2. 高脚苗

【症状】　多发生于苗期，主要表现为下胚轴细长、纤弱，易感病害（彩图 36）。

【病因】　早春育苗的苗床湿度过大，光照不足，播种密度过大，幼苗拥挤等均可形成高脚苗。另外，夏秋季高温下育苗，光照不足也可引发高脚苗。

【防治方法】 ①苗期应加强管理，使播种密度合理，适时通风降温、降湿，注意增加光照。②苗期合理水肥运筹、平衡施肥、追施叶面微肥等促根系发育，培育壮苗。

3. 沤根

【症状】 幼苗、植株地上部生长停滞，长时间无新叶抽生。已发病叶片有黄化趋向，叶缘发黄皱缩，呈焦枯状，严重时植株萎蔫、干枯。发病植株根色由白变黄，不生或少生新根，严重病根呈铁锈色，腐烂，引发死苗。

【病因】 苗期或定植初期，遇低温阴雨天气，造成土壤湿冷缺氧引发此病。尤其低洼地、黏土地渗水不良，雨（水）后未及时放风降湿会加重病情。另外，定植伤根、分苗时浇水过多均可诱发沤根。

【防治方法】 ①选择排水良好，通透性好的壤土地块育苗或种植。②苗期低温下水分管理提倡小水勤浇，忌大水漫灌，雨后注意排水，并及时疏松土壤促地温回升。浇水宜在早晚进行，忌晴天中午或阴天浇水。③选择冷尾暖头的晴天适时定植。④发生沤根棚室，应加强通风，降低棚内湿度，同时可叶面喷施 0.2% 磷酸二氢钾、赛德生生根壮苗剂 700 倍液或叶面微肥补充养分。

4. 无头封顶苗

【症状】 甜瓜幼苗生长点退化，不能正常抽生新叶，只有 2 片子叶，有时虽能形成 1~2 片真叶，但无生长点，叶片萎缩。

【病因】 苗期长时间遇低温、阴雨天气，根系吸收不良，幼苗营养生长较弱或苗期突遇寒流侵袭，幼苗生长点分化受抑均可引发此病。另外，陈种子生活力低、肥害烧根、药害、病虫害等均可导致无头封顶苗的出现。

【防治方法】 选用发芽势强的种子播种育苗。加强苗床管理，增加保温增温设施，及时通风降湿，对已受害的僵化苗可适当追施叶面肥促新叶萌发。注意防止肥害，尤其有挥发性的肥料施用后及时放风。按照规程说明，合理施用农药，防治病虫害。

5. 缺硼症

【症状】 生长点发育受抑，附近节间短缩，叶缘黄化并向内扩展呈不规则的黄色叶缘宽带，但叶脉间不失绿黄化。花器官发育不良或畸形。果皮组织龟裂，硬化。

【病因】 酸性或沙性土壤易缺硼，广东、海南、江西等南方地区瓜田易发缺硼症。偏碱性的石灰质土壤易固定硼素，引发甜瓜缺硼。施用钾肥过量会影响甜瓜对硼肥的吸收。土壤干旱缺水，根系吸收硼素不足，也可引发缺硼。

【防治方法】 ①缺硼地块施用基肥时，可结合有机肥每亩施入11%的硼砂1kg或持力硼200~400g。②甜瓜长至4~5节花芽分化期间，可叶面喷施硼砂50~100g/亩或速乐硼1500倍液，每7天喷1次，连喷2次。③发生症状时，可用微补硼力3000倍液灌根或叶面喷施速乐硼1500倍液。

【注意】 硼肥不宜与过磷酸钙或尿素混施，以免硼素被固定失效。

6. 缺钙症

【症状】 幼叶变小，叶缘黄化，叶片卷曲，叶脉失绿黄化，主脉正常，有时叶脉间出现白点。植株矮小，节间变短，幼叶易枯死。病斑产生于果面，初期呈暗绿色水渍，或呈灰白色凹陷斑点，后发展成为深绿色或灰白色凹陷，成熟后斑点不腐烂，呈凹陷扁平状，但果肉易萎缩褐变（彩图37）。

【病因】 土壤干旱或钾肥施用过多，硼素缺乏均阻碍甜瓜对钙素的吸收。甜瓜早春低温沤根，根系发育不良，吸收功能下降易引发缺钙。

【防治方法】 ①重施有机肥，增强土壤养分全面均衡供应能力。②酸性土壤应进行土壤改良，施用石灰质肥料调节土壤pH至中性，可缓解缺钙症状。③易缺钙地块及时在叶面喷施0.3%~0.5%氯化钙、硝酸钙溶液或微补钙力800倍液、微补果力600倍液，及时补充钙素。

7. 缺镁症

【症状】 从中下部老叶开始发病，叶脉间叶肉褪绿黄化或白化，形成斑驳花叶，并逐渐扩展连片，但叶缘、叶脉保持绿色。有时除叶脉外，叶片通体黄化，无明显坏死斑。严重时向上部叶片发展，叶片黄化、枯萎，植株死亡（彩图38）。

【病因】　氮肥施用量过大引发土壤酸化或碱性土壤均可阻碍镁吸收。低温、干旱根系吸收不良也可导致缺镁。

【防治方法】　①注意土壤改良，保持土壤酸碱平衡。②增施有机肥，促土壤养分平衡。③合理温度、水分管理，促根系功能提升。④缺素症发生时叶面喷施 1% ~ 2% 硫酸镁、螯合镁或 0.4% 氯化镁溶液。补镁时注意适当增施钾肥、锌肥。

8. 缺铁症

【症状】　植株新叶除叶脉全黄化外，叶脉渐渐地失绿，继而腋芽也呈黄化状；此黄化较为鲜亮，且叶缘正常，整株不停止生长发育（彩图39）。

【病因】　①因铁在植株体内不易移动，故黄化始于生长点近处叶。②若及时补铁，则于黄化叶上方会长出绿叶。③在碱性土、磷肥过量、土壤过干过湿及温度低等情况下，均易发生缺铁症。

【防治方法】　①保持土壤 pH 为 6 ~ 6.5，防止碱化。②加强水分管理，防止土壤过干过湿。③发生缺铁症时叶面喷施 0.1% ~ 0.5% 硫酸亚铁或 100mg/kg 柠檬酸铁水溶液。

9. 黄化症

【症状】　整株叶片发生黄化，且零星发生，无传染性（彩图40）。

【病因】　单株零星发生的甜瓜黄化植株，多认为与品种变异有关。

【防治方法】　变异黄化植株应及时拔除。但甜瓜成熟后期叶片黄化，则是叶片衰老所致，应注意加强后期营养供应，延缓叶片衰老进程。

10. 化瓜

【症状】　幼瓜发育一定时间后停止生长，表皮褪绿变黄褐色，幼瓜萎缩，直至干枯、脱落（彩图41）。

【病因】　①雌花发育不良或未受精，尤其花期遇阴雨天气，棚室内湿度过大，花粉易吸湿破裂或昆虫活动较少，雌花未正常授粉，导致子房膨大终止。②肥水管理不当，花期肥水过多造成植株徒长引发化瓜或肥水不足，植株长势弱也易引发落花、落果。③花芽分化异常，造成雌花、雄花器官畸形。④光温环境不良，温度过高或过低，光照不足均可导致化瓜。

【防治方法】　①育苗过程中预防低温或高温危害，以防花芽分化异常，降低畸形花率。②合理水肥运筹。重施底肥，氮磷钾平衡追肥，尤其伸蔓期应酌减氮肥用量，并适当控制浇水，严防植株徒长。③放熊蜂授粉或人工辅助授粉，必要时幼瓜喷施坐瓜灵保果。

> 【提示】　徒长瓜田，可在授粉后将瓜后茎蔓用手捏一下，以减少养分向顶端运输，促养分集中供应幼瓜。

11. 高温发酵瓜症

【症状】　果实发育初期生长正常，后果面发生褐色凹陷病斑，但不腐烂，剖开瓜后可见果肉干腐褐变。糖分转化期，瓜内出现水渍状，肉质绵软，有酒味和异味，不能食用，继而高温发酵，腐烂、发臭（彩图42）。

【病因】　果实成熟期遇高温，过量施用氮肥，缺钙、缺硼及土壤盐渍化易诱发此病。采收不及时，瓜过熟发病重。

【防治方法】　提倡秸秆还田，注意增施有机肥和生物菌肥，减轻盐渍危害。花果期注意氮、磷、钾平衡施肥，适当补充微量元素。适时采收，常温储藏时间不宜过长。

12. 裂瓜

【症状】　一般厚皮甜瓜成熟期发生裂瓜的较多，多从果脐部开裂，杂菌侵入后，易发生顶腐（彩图43）。

【病因】　雌蕊柱头授粉不均匀，幼瓜果实发育不平衡，从果面未膨大部分开裂。膨瓜期或采收前期土壤干旱，突然浇水或遇连续阴雨天气，果肉生长速度快于瓜皮，导致裂瓜。果实前期发育温度较低，而后突遇升温，果实迅速膨大，易造成裂瓜。

【防治方法】　①注意水分管理，尤其花果期浇水不宜忽大忽小。②人工辅助授粉时注意花粉应均匀涂抹于柱头上，以提高授粉质量。③采取合理的保温和放风降温、降湿措施，严禁棚室内温度变化过快。④花果期喷施硼、钙、硅等叶面微肥。

13. 畸形果

【症状】　畸形瓜主要表现为长形瓜、扁形瓜、棱角瓜、梨形瓜和尖顶瓜等，是由花芽分化和果实发育过程中环境不良或栽培措施不当等因素造成，畸形瓜失去商品利用价值（彩图44）。

【病因】　花芽分化期间，因低温等因素导致植株吸收钙、锰等微量元素不足。花期授粉不匀或坐瓜灵等调节剂果面喷施不匀，果实发育不平衡易形成扁形瓜。果实发育期养分、水分和光照不足，果实不能充分膨大形成梨形瓜。

【防治方法】　①加强苗期管理，注意温、湿度调控，避免低温影响花芽正常分化。②苗期注意养分均衡供应，尤其4～5片叶期应叶面喷施钙、锰等微肥。③人工辅助授粉时注意花粉应均匀涂抹于柱头上，提高授粉质量。施用坐瓜灵时注意整个瓜胎要均匀喷雾或涂抹均匀。④膨瓜期加强水肥管理。

14. 日灼病

【症状】　夏季露地薄皮甜瓜果实生育后期，因太阳强光灼伤，果面出现椭圆形或不规则状大小不等的白斑，病部受伤害后常腐生杂菌。

【病因】　太阳强光长时间直接照射果实所致。

【防治方法】　合理密植，栽植密度不宜过稀，以免果实无茎叶遮盖，长时间接受曝晒。必要时可覆草遮盖。

15. 僵（小）瓜

【症状】　甜瓜长到鸡蛋大小时不再膨大，外皮厚硬，成熟不佳，完全失去商品性。

【病因】　①坐果节位低，形成坠秧，果实很快停长。②坐果后缺水或肥水管理差，不能满足果实生长之需。③整枝疏果不及时，植株生长细弱或出现病秧，营养分配失去平衡。④坐果后遇较长时间的阴雨低温天气，使营养输送受阻，外果皮硬化。

【防治方法】　①确定适宜坐果节位，及早疏除低节位和高节位瓜。②坐果后要及时平衡供应肥水。

16. 秃顶瓜和网纹产生不良

【症状】　网纹甜瓜成熟后顶部无网纹或网纹粗细、分布不均匀。

【病因】 ①阳光直射局部果面，使果皮硬化加快，果实形成网纹的能力不足，因而发生无网纹（秃顶瓜）的现象或网纹即使发生也不均匀（网纹发育不良）的现象。②植株吸收氮素过多和空气湿度过低等。

【防治方法】 ①控制氮肥用量。②维持植株的适当长势。③确保坐果数适宜。

17. 苦味瓜

【症状】 甜瓜成熟后食用时有苦味。

【病因】 ①氮肥施用过量。②果实发育期内遇长时间低温寡照。特别是连阴多雨天气，甜瓜根系受损或活动受到阻碍时，吸收的水分少，果实生长极为缓慢，会在根系和果实中积累更多的苦味素，苦味瓜多发生在根瓜上。③高温干旱。春茬栽培的甜瓜进入春末高温期或土壤湿度过高，根系吸收功能减弱，同化力降低，而夜间气温又过高，瓜生长缓慢，也会在瓜里积累更多的苦味素，形成苦味瓜。④定植过晚，尤其大龄苗移栽伤根严重，易造成苦味瓜。⑤坐瓜灵使用不当也会产生苦味瓜。

【防治方法】 ①不留根瓜。根瓜靠近植株根部，有效功能叶片少，营养条件较差，果实发育处于低温期，在光照不足和营养不良的情况下，容易使果实变小、皮厚、味淡、含糖低，有苦味，应及时摘掉根瓜。②合理密植，改善株间光照条件。③科学施肥。重施有机肥，尤其多施发酵好、腐熟好，并进行无害化处理的鸡粪和饼肥等优质有机肥，忌过多施用氮素化肥。④降温控水。在植株进入衰老时期，通过降低温度、控制水分和科学灌溉等措施，防根系早衰，促果实发育。⑤合理控温。甜瓜进入膨瓜期控制棚室温度不宜过高，尤其要防止夜间温度过高。⑥不能伤根。适时定植，在定植时和田间管理期间，不要伤根或尽量减少伤根，避免苦味的发生。

18. 纤维化瓜

【症状】 果肉过度纤维化，口感硬，口味差。

【病因】 ①坐果期土壤缺水，根吸水不足，果实缺少水分引起果肉纤维过多。②耐旱品种果实生长期出现土壤含水不足，易产生此种瓜。

【防治方法】 不同生育阶段保持土壤适宜含水量。

第三节 甜瓜虫害防治技术

1. 瓜蚜

【为害分布】 瓜蚜又称棉蚜，属同翅目蚜科。全国各地均有分布，是病毒病等多种病害的传播媒介，对甜瓜生产危害较大。

【危害与诊断】 成虫和若虫主要在叶片背面或幼嫩茎蔓、花蕾和嫩梢上以刺吸式口器吸食汁液。嫩叶和生长点受害后，叶片卷缩，生长停滞。功能叶片受害后提前枯黄，叶片功能期缩短，导致减产（彩图45）。

无翅孤雌蚜体长 1.5～1.9mm，夏季多为黄色，春秋为墨绿色至蓝黑色。有翅孤雌蚜体长 1.2～1.9mm，头、胸黑色。无翅胎生蚜体长 1.5～1.9mm，夏季黄色、黄绿色，春秋季墨绿色。有翅胎生蚜体黄色、浅绿色或深绿色。若蚜黄绿色至黄色，也有蓝灰色的。

【发生规律】 华北地区每年发生 10 多代，长江流域发生 20～30 代。以卵在越冬寄主或以成虫、若虫在棚室内越冬繁殖。第二年春季 6℃以上时开始活动，北方地区于 4 月底有翅蚜迁飞到露地蔬菜等植物上繁殖为害，秋末冬初又产生有翅蚜迁入棚室。春秋季和夏季分别 10 天左右和 4～5 天繁殖 1 代。繁殖适温为 16～20℃，北方地区气温超过 25℃、南方超过 27℃、相对湿度 75% 以上不利于其繁殖。

【防治方法】

1）农业措施。棚室通风口处加装防虫网，及时拔除杂草、残株等。

2）积极推行物理防治和生物防治方法。

①物理防治方法：在温室甜瓜上方张挂 30cm×50cm 粘虫黄板（每亩 20～30 张），高度与植株顶端平齐或略高为宜，悬挂方向以板面东西向为佳。或采用银灰色地膜覆盖驱避蚜虫。

②生物防治方法：可在棚室内放养丽蚜小蜂等天敌治蚜。具体方法是：甜瓜定植后 1 周左右，初期可按照 3 头/m² 的标准，撕开悬挂钩将卵卡悬挂于植株下部，根据虫害发生情况，每 7 天释放 1 次，持续释放 3～4 次直至虫害得以控制为止。具体方法参照卵卡说明书

进行。

3）药剂防治。棚室可采用 10% 敌敌畏烟熏剂、15% 吡·敌畏、10% 灭蚜烟熏剂、10% 氰戊菊酯等烟熏剂，每次用量 0.30 ~ 0.5kg/亩。或采用 10% 吡虫啉可湿性粉剂 1500 ~ 2000 倍液、2.5% 溴氰·仲丁威乳油 2000 ~ 3000 倍液、3% 啶虫脒乳油 2000 ~ 3000 倍液、240g/L 螺虫乙酯悬浮剂 4000 ~ 5000 倍液、25% 噻虫嗪水分散粒剂 6000 ~ 8000 倍液、50% 抗蚜威可湿性粉剂 2000 ~ 3000 倍液、10% 氯噻啉可湿性粉剂 2000 ~ 3000 倍液、20% 氰戊菊酯乳油 2000 倍液、48% 毒死蜱乳油 3000 倍液、2.5% 三氟氯氰菊酯乳油 3000 ~ 4000 倍液、3.2% 烟碱川楝素水剂 200 ~ 300 倍液、1% 苦参素水剂 800 ~ 1000 倍液等。兑水喷雾，视虫情每 7 ~ 10 天防治 1 次。

2. 白粉虱

【为害分布】 白粉虱属同翅目、粉虱科，是北方棚室蔬菜栽培过程中普遍发生的虫害，可为害几乎所有的蔬菜类型，也是病毒病等多种病害的传播媒介。

【危害与诊断】 粉虱成虫或若虫群集以锉吸式口器在甜瓜叶背面吸食汁液，致使叶片褪绿变黄、萎蔫。其分泌的大量蜜露可污染叶片和果实，诱发煤污病，造成甜瓜减产或商品利用价值下降（彩图 46、彩图 47）。

成虫体长 1.0 ~ 1.5mm，浅黄色，翅面覆盖白色蜡粉。卵为长椭圆形，长约 0.2mm，基部有卵柄，柄长 0.02mm，从叶背气孔插入叶片组织中取食。初产时浅绿色，覆有蜡粉，而后渐变为褐色，孵化前呈黑色。若虫体长 0.29 ~ 0.8mm，长椭圆形，浅绿色或黄绿色，足和触角退化，紧贴在叶片上营固着生活。4 龄若虫又称为伪蛹，体长 0.7 ~ 0.8mm，椭圆形，初期体扁平，逐渐加厚，中央略高，黄褐色，体背有长短不齐的蜡丝，体侧有刺。

【发生规律】 白粉虱在北方温室内 1 年发生 10 余代，周年发生，无滞育和休眠现象，冬天在室外不能越冬。成虫羽化后 1 ~ 3 天可交配产卵，也可进行孤雌生殖，其后代为雄性。成虫有趋嫩性，在植株打顶以前，成虫总是随着植株的生长不断追逐顶部嫩叶产卵，虱卵以卵柄从气孔插入叶片组织中，与寄主植物保持水分平衡，极不易脱落。若虫孵化后 3 天内在叶背可作短距离游走，当口器插入叶组织后即失去爬行机能，开始营固着生活。白粉虱繁殖适温为 18 ~ 21℃，温室条件下约 1 个月完成 1 代。冬季结束后由温室通风口或随种苗移栽迁飞至露地，因此人为因素可促进白粉虱的传播蔓延。其种群数量由春至秋持续发展，夏季高温多雨对其抑制作用不明显，秋季数量达高峰，集中为害瓜类、豆类和茄果类蔬菜。北方棚室栽培区 7 ~ 8 月露地密度较大，8 ~ 9 月受害严重，10 月下旬后随气温下降逐渐向棚室内迁飞为害或越冬。

【防治方法】

1）农业措施。棚室通风口处加装防虫网，及时拔除杂草、残株等。

2）物理防治。在温室甜瓜上方张挂 30cm × 50cm 粘虫黄板（每亩 20 ~ 30 张），高度与植株顶端平齐或略高为宜，悬挂方向以板面东西向为佳。

3）生物方法。可在棚室内放养丽蚜小蜂、中华草蛉等天敌防治白粉虱。具体方法参照甜瓜蚜虫生物防治方法。

4）药剂防治。虫害发生初期用下列药剂防治：烟熏法防治参考蚜虫。或采用 10% 吡虫啉可湿性粉剂 1500 ~ 2000 倍液、25% 噻嗪酮可湿性粉剂 1000 ~ 2000 倍液、240g/L 螺虫乙酯悬浮剂 4000 ~ 5000 倍液、25% 噻虫嗪水分散粒剂 6000 ~ 8000 倍液、2.5% 联苯菊酯乳油 2000 ~ 2500 倍液、3% 啶虫脒乳油 2000 ~ 3000 倍液、48% 毒死蜱乳油 2000 ~ 3000 倍液、10% 氯氰菊酯乳油 2500 ~ 3000 倍液等，兑水喷雾，视虫情每 7 天左右防治 1 次，连续防治 2 ~ 3 次。

3. 黄蓟马

【为害分布】 属缨翅目、蓟马科，目前在我国大部分地区均有分布，主要为害瓜类、茄果类和豆类蔬菜等。

【危害与诊断】 黄蓟马以锉吸式口器吸食甜瓜嫩梢、嫩叶、花及果实的汁液。叶片受害后易褪绿变黄，扭曲上卷，心叶不能正常展开。嫩梢等幼嫩组织受害，常枝叶僵缩、生长缓慢或老化坏死、幼瓜畸形等。

成虫体长 1.0mm，金黄色。头近方形，复眼稍突出。单眼 3 只，红色，排成三角形。单眼间鬃间距较小，位于单眼三角形连线外缘。触角7节，翅2对，腹部扁长。卵长椭圆形，白色透明，长约0.02mm。若虫3龄，黄白色（彩图48）。

【发生规律】 黄蓟马在南方地区每年发生11～20多代，北方地区可发生8～10代。棚室内可周年发生，世代重叠。以成虫潜伏在土块、土缝下或枯枝落叶间越冬，少数以若虫越冬。温度和土壤湿度对黄蓟马发育影响显著，其正常发育的温度范围为15～32℃，土壤含水量以8%～18%最为适宜，较耐高温，夏、秋两季发生严重。该虫具有迁飞性、趋蓝性和趋嫩性，活跃、善飞、怕光，多在甜瓜嫩梢或幼瓜的毛丛中取食，少数在叶背为害。雌成虫有孤雌生殖能力，卵散产于植物叶肉组织内。若虫怕光，到3龄末期停止取食，落土化蛹。

【防治方法】

1）农业措施。清除田间杂草、残株，消灭虫源。提倡地膜覆盖栽培，减少成虫出土或若虫落土化蛹。

2）物理防治。发生初期采用粘虫蓝板诱杀。在温室甜瓜上方张挂30cm×40cm粘虫蓝板（每亩20张），高度与植株顶端平齐或略高为宜，悬挂方向以板面东西向为佳。

3）生物防治。棚室栽培可考虑人工放养小花蝽、草蛉等天敌进行生物防治。

4）药剂防治参考瓜蚜。

4. 美洲斑潜蝇

【为害分布】 美洲斑潜蝇属双翅目、潜蝇科，在我国大部分地区均有分布，可为害130多种蔬菜，其中瓜类、茄果类、豆类蔬菜受害较重。

【危害与诊断】 主要以幼虫钻叶为害。幼虫在叶片上、下表皮间蛀食，造成由细变宽的蛇形弯曲隧道，多为白色，隧道相互交叉，逐渐连接成片，严重影响叶片光合作用。成虫刺吸叶片汁液，形成近圆形白色小点（彩图49）。

成虫体长1.3～2.3mm，浅灰黑色，胸背板亮黑色，体腹面黄色。卵呈米色，半透明，较小。幼虫，蛆状，乳白至金黄色，长

3mm。蛹长2mm，椭圆形，橙黄色至金黄色，腹面稍扁平。成虫具有趋光性、趋绿性、趋化性和趋黄性，有一定飞翔能力。

【发生规律】 美洲斑潜蝇在北方地区每年发生8~9代，冬季露地不能越冬，南方每年可发生14~17代。发生期多为4~11月，5~6月和9月~10月中旬是两个发生高峰期。

【防治方法】

1）农业措施。及时清除田间杂草、残株，减少虫源。定植前深翻土地，将地表蛹埋入地下。发生盛期增加中耕和浇水，破坏化蛹，减少成虫羽化。田间悬挂30cm×50cm粘虫黄板诱杀成虫。

2）药剂防治。发生盛期棚室内可采用10%敌敌畏烟熏剂、15%吡·敌畏、10%灭蚜烟熏剂、10%氰戊菊酯等烟熏剂，每次用量0.30~0.50kg/亩。或选用0.5%甲氨基阿维菌素苯甲酸盐乳油2000~3000倍液、1.8%阿维菌素乳油2000~3000倍液、20%甲维·毒死蜱乳油3000~4000倍液、1.8%阿维·啶虫脒微乳剂3000~4000倍液、50%环丙氨嗪可湿性粉剂2000~3000倍液、52.25%毒死蜱·氟氯菊酯乳油1000~1500倍液、5%氟虫脲乳油1000~1500倍液等，兑水喷雾，视病情每隔7天防治1次，连续防治2~3次。

【注意】 ①防治斑潜蝇幼虫应在其低龄时用药，即多数虫道长度在2cm以下时效果较好。②防治成虫，宜在早晨或傍晚等其大量出现时用药。

5. 朱砂叶螨

【为害分布】 属真螨目、叶螨科，主要为害瓜类、茄果类、葱蒜类蔬菜。在我国各地均有发生，是甜瓜生产上的一种重要虫害。

【危害与诊断】 为害甜瓜叶片，以成螨或若螨在叶背面刺吸汁液为害，叶面出现灰白色或浅黄色小点，叶片扭曲畸形或皱缩，严重时呈沙状失绿，干枯脱落。

雌成螨体长0.4~0.5mm，椭圆形，锈红色或深红色。体背两侧有暗斑，背上有13对针状刚毛。雄成螨体长0.4mm，长圆形，绿色或橙黄色，较雌螨略小，腹末略尖。卵圆形，橙黄色，产于丝网之上。

【发生规律】 北方地区每年发生 12 ~ 15 代，长江流域每年发生 15 ~ 18 代。以雌成螨和其他虫态在落叶下、杂草根部、土缝里越冬。第二年 4 ~ 5 月迁入菜田为害，6 ~ 9 月陆续发生，其中 6 ~ 7 月发生严重。成螨在叶背吐丝结网，栖于网内刺吸汁液，产卵。朱砂叶螨有孤雌生殖习性，成螨、若螨靠爬行或吐丝下垂近距离扩散，借风和农事操作远距离传播。有趋嫩习性，一般由植株下部向上为害。温度 25 ~ 30℃、相对湿度 35% ~ 55%，最有利于该虫害发生流行。

【防治方法】

1）农业措施。及时清除棚室内外杂草、枯枝败叶，减少虫源。有条件的地区可人工放养天敌捕食螨进行生物防治。

2）药剂防治。发现朱砂叶螨在田间为害时采用下列药剂防治：5% 噻螨酮乳油 1500 ~ 2000 倍液、20% 双甲脒乳油 2000 ~ 3000 倍液、1.8% 阿维菌素乳油 2000 ~ 3000 倍液、40% 联苯菊酯乳油 2000 ~ 3000 倍液、15% 哒螨灵乳油 2000 ~ 3000 倍液、30% 嘧螨酯悬浮剂 2000 ~ 4000 倍液、73% 炔螨特乳油 2000 ~ 3000 倍液、25% 灭螨猛可湿性粉剂 800 ~ 1000 倍液等，兑水喷雾，视虫情每 7 ~ 10 天防治 1 次。

【提示】 噻螨酮无杀成虫作用，因此应在朱砂叶螨发生初期使用，并与其他杀螨剂配合使用。

6. 瓜绢螟

【为害分布】 属鳞翅目、螟蛾科，在我国各地均有分布，主要为害瓜类、茄果类和豆类蔬菜。

【危害与诊断】 主要为害叶片和果实。低龄幼虫在叶背啃食叶肉，受害部位呈灰白色。3 龄后吐丝将叶或嫩梢缀合，居其中取食，现灰白斑。使叶片穿孔或缺刻，严重的仅留叶脉。幼虫常蛀入瓜内，影响产量和质量。

成虫体长 11mm 左右，头胸黑色，腹部白色，第 1、7、8 节末端有黄褐色毛丛。前翅白色略透明，前翅前缘和外缘、后翅外缘呈黑色宽带。末龄幼虫体长 23 ~ 26mm，头部、前胸背板浅褐色，胸腹部草绿色，亚背线呈两条较宽的乳白色纵带，气门黑色。卵扁平，椭圆形，浅黄色，表面有网纹。蛹长约14mm，深褐色，外被薄茧（彩图50）。

【发生规律】 部分地区每年发生 3~6 代，长江以南每年发生 4~6 代，两广地区每年发生 5~6 代，以老熟幼虫或蛹在枯叶或表土越冬。北方地区一般每年 5 月田间出现幼虫为害，7~9 月逐渐进入盛发期，危害严重，11 月后进入越冬期。成虫夜间活动，稍有趋光性，雌蛾在叶背产卵。幼虫 3 龄后卷叶取食，蛹化于卷叶或落叶中。

【防治方法】

1）农业措施。结合田间管理，人工摘除卵块和初孵幼虫为害叶片，集中处理。注意铲除田边杂草等滋生场所，晚秋或初春及时翻地灭蛹。有条件的地区可人工繁殖放养拟澳大利亚赤眼蜂进行生物防治。

2）药剂防治。可于 1~3 龄卷叶前，采用以下药剂或配方防治：1.8% 阿维菌素乳油 2000~3000 倍液、20% 甲维·毒死蜱乳油 3000~4000 倍液、0.5% 甲氨基阿维菌素苯甲酸盐乳油 2000~3000 倍液、5% 丁烯氟虫腈乳油 2000~3000 倍液、2.5% 三氟氯氰菊酯乳油 4000~5000 倍液、40% 菊·马乳油 2000~3000 倍液等。兑水喷雾时加入有机硅展着剂，视虫情间隔 7~10 天喷施 1 次。

—第十三章—
棚室甜瓜高效栽培实例

寿光市田马镇是山东省著名的棚室甜瓜种植之乡，被称为"中国香瓜第一镇"。甜瓜种植是该镇的农业支柱产业，棚室甜瓜常年播种面积约 5 万亩，年产白皮、黄皮、网纹甜瓜 3 亿千克，并辐射带动周边甜瓜种植 10 万亩，产品销往全国各地并出口日本、俄罗斯及东南亚各国。田马镇甜瓜生产从业人员较多，市场体系完善，栽培技术较为先进，每年可进行塑料大棚厚皮甜瓜早春茬、越夏和秋冬茬共 3 茬生产，经济效益显著。其棚室甜瓜的栽培经验和技术对我国保护地甜瓜栽培具有较好的借鉴意义，现将经验总结如下。

1. 规模化生产和完善的市场体系培育是甜瓜产业发展的基础

田马镇建有以营销甜瓜为主的大型专业批发市场，占地 200 多亩，生产旺季日甜瓜交易量突破 100 万千克，年交易量达到 1.1 亿千克，种植户足不出村即可销售产品。市场内营销甜瓜的业主有 170 多家，年交易额达 2 亿元，现已成为全国甜瓜的主要集散地之一。发达的产前、产中和产后市场体系培育为甜瓜生产的持续、稳步发展提供了保障。

2. 优良的设施和栽培管理技术促进了甜瓜种植的高效发展

田马镇的甜瓜栽培设施以竹木结构塑料大棚为主，在投资相对较少的条件下，充分发挥了棚室的生产性能，每年可生产早春茬、越夏和秋延迟茬等3茬甜瓜，单位土地产出效益极高。

（1）充分发挥棚室生产潜力，促甜瓜早上市　在现有设施条件下，早春茬种植甜瓜的定植期越早效益越好，且可为后茬甜瓜生产腾出充裕时间。但该茬甜瓜管理难度较大，最大的问题是低温和光照不足，因此甜瓜前期发育缓慢，品质较差。为此，就必须改良棚室设施，增强大棚保温效果。首先，建造塑料大棚时，可在搭建完主要拱架后于大棚内距离外拱架30cm左右处再搭架简易竹拱架，用于早春覆盖二层保温薄膜。甜瓜定植时在地面覆盖农膜，之后在甜瓜行上再搭建小拱棚，必要时在小拱棚上方与第二层保温薄膜之间用细铁丝临时拉设第三层保温薄膜，再加上棚膜上加盖草苫，这样塑料大棚最多可实行6层覆盖，完全可以满足甜瓜早春栽培的温度要求。大棚甜瓜定植期也可相应提前至2月中下旬，5月上旬即可采收上市。大棚保温性改善后，还要解决透光不足问题。我国的塑料大棚一般不采取人工补光，但在生产上需要精心管理，每天关注天气预报，及时揭盖草苫，拉盖膜，放风及不定期清洁棚膜等。通过上述措施，甜瓜可比普通栽培早上市10天以上，极为畅销。价格也比集中上市时提高近1元，每亩增收近6000多元。6月初进行越夏茬定植，9月初采收；9月中旬秋冬茬定植，12月初收获。一年3茬的生产模式最大限度地提高了大棚的使用效率和单位土地的产出效益。

（2）综合配套的栽培技术体系是甜瓜高效生产的保障　甜瓜的精细管理技术体系包括品种选择、育苗、整地施肥、田间管理等环节，其关键管理技术措施如下。

1）采取措施培育壮苗。甜瓜早春育苗恰好处于一年中的最冷季节，因此必须采取增温、保温和补光技术，合理灌溉和通风管理，努力争取培育优质种苗是甜瓜高产优质的基础。可采取的增、保温技术主要有：苗床铺设电热线或远红外电热膜、育苗棚室添加电热器等加温及苗床搭建小拱棚等多层覆盖保温等。主要的补光措施是采用高压钠灯、LED灯或沼气灯等在阴雨天及夜间适当增加光照时间和光照强度。此外，还应合理灌溉，避免低温下浇水过多，诱发甜瓜沤根和产生无头苗。加强通风管理，适时通风降湿，必要时补施二氧化碳气肥。秋冬茬育苗则主要防止高温障碍和加强病虫害综合防治等，可采用遮阳网、风机和湿帘等设施降温、遮光。

2）精细整地，合理施肥。应选用深耕机械使耕深达到30cm左右，同时使用免深耕等药剂彻底打破土壤板结，修复土壤理化结构。在常规施肥的基础上，重施有机肥和生物菌肥，每亩可施用优质土杂肥10000kg或稻壳鸡粪、鸭粪4000～5000kg、生物菌肥100kg。坐瓜后，增施钾肥和液体硅肥等大、中、微量元素。此种施肥模式下，甜瓜抗病性增强，品质更优，口感更好，深受市场欢迎。

3）根据不同茬口采取适当的栽培技术体系。以越夏栽培为例，主要的技术措施有：采用遮阳网和棚室四围通风降温；地面铺设黑膜或秸秆、稻草等降温防草；棚室加设防虫网防虫；采用植物生长抑制剂控制植株徒长；采用熊蜂授粉克服高温授粉障碍；果实套袋；加强病虫害系统综合防治等。早春茬、秋冬茬则应协调棚室温度、湿度的关系，做好生长环境的调控，加强棚室土肥水管理为高产优质提供保障。

4）精心管理，加强甜瓜连作障碍克服。甜瓜忌重茬，常年连作导致病虫害多发。克服甜瓜重茬的主要措施如下：选择抗病品种，预防细菌性角斑病；注重施用有机肥和生物菌肥或抗重茬剂，改善土壤理化状况；定植前注意土壤消毒，尽量减少土传病害发生；根据甜瓜整个生育期不同阶段常发病虫害，提前预防；重点预防根结线虫病害。未发线虫病害的地块，应采用自家机械耕地整地，忌用发病区农机；已发病地块可采用水淹、高温闷棚等物理防治方法、施用放线菌等生物菌剂等。发病加重地块，可采用药剂防治，从整地时开始处理土壤，如采用石灰氮、阿维菌素颗粒剂、氯唑磷颗粒剂等灭杀土中线虫。发病植株采阿维菌素乳油等杀线虫剂灌根。

3. 灵活实用的农业产业化模式是甜瓜产业不断发展的动力

（1）成立和发展甜瓜专业合作社是农业产业化的重要一环　实践证明，我国长期以来的一家一户的小农生产模式无论在市场培育还是科技支撑等方面都已不能适应现代农业的发展。田马镇成立了以提高生产销售为主营业务的多家专业合作社，合作社以最低价格统一购进种苗、农资提供给农民，产品销售旺季及时联系国内外客商前来考察生产基地，建立长期购销关系，同时不定期邀请专家给合作社社员讲解甜瓜生产知识，合作社的上述业务有利于单一种植户抱团应对市场变化，提高了其甜瓜生产的科技含量，产品质量能够满足客商需求，从而在很大程度上克服了小农生产的弊端，并成功打造了远近闻名的"王婆"香瓜品牌。因此，合作社社员的甜瓜生产收入普遍高于普通农户，生产成本也有不小的下降。

（2）注重发挥基地的示范带动和规模优势　合作社或甜瓜相关业务公司以基地和部分骨干社员大棚为基础建立了大棚甜瓜生产示范基地，在农业推广部门和种苗、农资公司的帮助下，开展了新品种、新农资和新技术的试验示范。农资产品是否值得在本地推广，首先得在基地示范其效果后方能推广，从而保障了最新农资产品的安全高效，避免了坑农害农现象的发生。基地的规模生产优势也有助于测土配方施肥等实用技术以及标准化、规范化生产模式的推广应用。

（3）紧盯甜瓜高端产品，走高效生产之路　本地瓜类作物常年连作，对资源环境的影响较大，具有一定的不可持续性。因此，近年来田马镇探索试验了一些新的可持续发展模式，比如在重茬严重的大棚实行菜—花、菜—果轮作，并组织部分甜瓜种植大户到海南开发新的无污染基地发展绿色甜瓜、富硒功能甜瓜、有机甜瓜生产等，为本地甜瓜生产升级做出了贡献。

实例2

经多年发展，我国各地已经形成了许多具有地域特征的甜瓜优势产区，大致可划分为4个主要栽培区：1）西北厚皮甜瓜露地栽培区。该区主要以厚皮甜瓜露地栽培为主，近年发展种植了少量保护地薄皮甜瓜。2）中部厚皮、薄皮甜瓜栽培区。本区厚皮甜瓜以保护地栽培为主，薄皮甜瓜以露地栽培为主，也有少量的保护地薄皮甜瓜种植。3）东北薄皮甜瓜露地栽培区。该区广泛种植薄皮甜瓜，为当地生产的主要水果，栽培以露地种植为主，局部发

展了部分大棚厚皮和薄皮甜瓜栽培。4）华南哈密瓜保护地无土栽培区。该区的珠三角和海南南部区域薄皮甜瓜种植面积不大，主要以温室、大棚哈密瓜等厚皮甜瓜种植为主。吉林省德惠市河山农业开发有限公司主要从事薄皮甜瓜等育种和生产、销售，甜瓜生产经验丰富。本节实例主要介绍该公司关于东三省薄皮甜瓜露地种植的生产经验。

（1）品种选择 东三省露地重茬地块宜选用吴创甜八辈、吴创377、顺甜糖妃、吉创 20 号等品种；未重茬地块可选用甜霸天下、花姑娘、吉创 2010、甜美人等品种，具体品种选择还应结合当地市场需求而定。

（2）整地施肥 提倡瓜田冬前秋耕和轮作。结合整地每亩施用土杂肥 5000kg，磷酸二铵 40～50kg，硫酸钾 20～30kg，过磷酸钙 70～100kg，饼肥 50～100kg，硼砂、硫酸锌、硫酸镁各 1kg。枯萎病多发地块，整地时每亩施用多菌灵、甲基硫菌灵可湿性粉剂各 2kg 进行土壤消毒。

（3）合理整枝 种植以子蔓结瓜为主的品种，采用三蔓或四蔓整枝，每亩留苗 1700～2000 株。基本方法为：主蔓长至 5 叶时摘心，选留基部 3～4 条子蔓，子蔓长至 7 片叶时选择基部 1～2 节着生雌花的子蔓留 4 叶摘心。摘除多余子蔓和 1～2 节无雌花的子蔓。子蔓坐瓜后若长势中等，则孙蔓不再摘心打杈。若坐果后雨水较多，植株长势较旺时，则宜将子蔓坐瓜及以下节位孙蔓摘除，坐瓜节位前 1～2 节选留 1～2 条健壮孙蔓 3～5 叶后摘心，其余孙蔓全部抹除。整株留瓜 4～6 个，每瓜留 10 片以上功能叶；成熟期以瓜叶遮盖果实。根据植株长势，整枝不可过重，以免造成植株早衰。若子蔓花期遇雨，坐瓜未达目标果数时，未坐瓜子蔓可留 2 叶摘心，基部选留 1～2 条孙蔓。坐瓜子蔓于坐瓜节位前 1～2 节选留 1～2 条孙蔓。全株共选留 6 条孙蔓，利用孙蔓结瓜，其余孙蔓及早摘除。

少雨地区露地栽培时，瓜苗长至 5 片真叶时留 4 片真叶摘心，摘除子叶叶腋处抽生的 2 条子蔓，从抽生的 4 条子蔓中选留 3～4 条子蔓。植株长势中等或偏弱时，子蔓可不摘心或留 7 叶摘心。植株长势强时，子蔓坐瓜后留 4～7 叶拦蔓。子蔓 1～2 节无雌花或无坐瓜的子蔓可留 2 叶摘心，促发孙蔓结瓜。

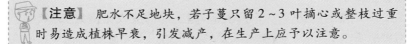

【注意】 肥水不足地块，若子蔓只留 2 ~ 3 叶摘心或整枝过重时易造成植株早衰，引发减产，在生产上应予以注意。

（4）肥水管理 定植时浇透水 1 次。干旱地块瓜苗 6 ~ 7 叶时选晴天浇水 1 次；不干旱地块花前和花期一般不施肥水，以免化瓜。幼瓜长至鸡蛋大小时，视墒情浇膨瓜水 1 次。果实膨大后期遇干旱应及时灌水。养分管理上，在施足基肥的条件下，一般不再根部追肥。可于伸蔓期叶面喷施碧护、芸薹素或液体硅肥，在花前 4 ~ 7 天喷施 0.2% 硼砂溶液以促进坐瓜。膨瓜至成熟期可叶面喷施磷酸二氢钾、黄腐酸钾钙或氨基酸钾钙、液体硅、钙等中微量元素促进甜瓜发育，防止裂果烂瓜。膨瓜后期至成熟期应控制氮肥用量，以防止营养生长过旺，甜瓜转色慢，商品性差。

（5）病害防治 在东三省玉米主产区，甜瓜定植后下第一场雨或第二场雨时，甜瓜田易发除草剂飘移危害，严重时甜瓜叶片枯黄，新叶及生长点变褐枯死，应及时喷施碧护、芸薹素等植物生长调节剂促发新叶。甜瓜伸蔓期常发病害主要有细菌性叶斑病、缘枯病、果腐病及霜霉病、疫病等真菌性病害。果实膨大至成熟期，多发细菌性叶斑病、缘枯病、果腐病及霜霉病、疫病、炭疽病、白粉病、蔓枯病、枯萎病等真菌性病害，应及早预防。尤其多雨地区或年份，甜瓜遇连阴雨后霜霉病、果腐病极易发生流行，应采用多种药剂轮换防治，以免造成减产。

实例3

新疆是我国哈密瓜的主产区，多以露地栽培。近年来，随着哈密瓜南移东进，我国上海、浙江、海南等南方地区尽管雨水较多，但由于不断进行哈密瓜生态适应育种及保护地栽培，并辅以科学的栽培技术规程，哈密瓜生产取得了良好的经济效益。本节实例简要介绍浙江三门县大棚哈密瓜栽培的技术要点。

1. 播种前的准备

（1）品种选择 选择新蜜 31、雪里红、仙果等中早熟品种。

（2）地块选择　选择中等以上肥力的沙质壤土为宜，土壤有机质含量 1.0% 以上，pH 7 ~ 8，并实行合理轮作。

（3）整地施肥　哈密瓜对氮、磷、钾的吸收比例为 30:15:55，对钾肥需求量大，但因哈密瓜是忌氯作物，不宜施用氯化钾。结合整地每亩施入腐熟的有机肥 2000 ~ 3000kg，尿素 10 ~ 15kg，过磷酸钙 25kg 或三元复合肥 50 ~ 100kg 作为基肥。做畦畦宽 5.8m，中间开操作沟，沟宽 30cm、深 15cm，分两畦种植，各宽 2.75m，两边各留 30cm 压大棚膜用，在种植畦四围挖排水沟。播前 10 天搭建宽 5.2m、高 2m 的简易大棚。

2. 播种育苗

采用加温苗床育苗。三门县可于 2 月中下旬 ~ 3 月上旬播种，苗龄 25 ~ 30 天。一般而言，我国南方地区春季多连续阴雨，湿度大，光照弱，哈密瓜生产难度较大，品质差。因此，在春、夏、秋三个季节中，本地区以秋季栽培（7 月底育苗）效果最好。

3. 定植

在幼苗长至 3 叶 1 心时选择阴天无风天气定植。本地哈密瓜以爬地栽培为主，早熟品种株距 0.5m、行距 2.5m，每亩定植 500 株，单蔓整枝栽培密度可适当加大；中熟品种每亩定植 400 株。

4. 田间管理

（1）温湿度调控　栽后以保温为主，少浇水，白天棚内温度控制在 28 ~ 30℃，超过 32℃应揭膜通风，夜间保持在 12 ~ 15℃之间。棚内空气湿度控制在 70% 以下，以减少病虫害发生。

（2）肥水管理　全生长期压蔓 2 ~ 3 次，直至封垄。整个生长期内若基肥不足，每亩可适当追施三元复合肥 20 ~ 30kg。苗期适当控水蹲苗，以利于幼苗扎根，田间持水量以 65% 为宜；始花期、开花坐果期各浇 1 次水，田间持水量以 80% 为宜；果实膨大期每隔 7 ~ 10 天浇 1 次水，田间持水量以 85% 为宜；夏季气温高，应避免中午浇水；果实采收前 10 天停止浇水；浇水要求单沟浇或采用滴灌，切忌漫灌和串灌。

（3）整枝打杈、保花保果　采用单蔓整枝留 1 个瓜或双蔓整枝留 2 个瓜。主蔓 10 ~ 15 节子蔓留瓜，清除其余子蔓，留瓜子蔓瓜前

1～2叶摘心。主蔓25～30片叶后摘心。开花期用0.1%氯吡脲10mL兑水0.5～4.0L喷花，注意田间温度高时应适当降低浓度，幼瓜长至鸡蛋大小时疏留瓜。

5. 病虫害防治

本地大棚栽培哈密瓜，结果期易发蔓枯病、白粉病、叶斑病、细菌性角斑病、疫病、霜霉病和蚜虫、地老虎、蝼蛄、蓟马、红蜘蛛等病虫害，应注意提前加以预防。

6. 采收

哈密瓜坐果至成熟一般需35天，当商品瓜中心糖含量达15%、色斑、网纹等特征明显时即可采收。采收时要轻采轻放，尽量减少机械损伤，留3～6cm长的果柄。

上述不同地区的甜瓜生产实例和经验，希望对甜瓜种植的朋友们有所启发。

附　　录

通　用　名	商　品　名	用　途
杀虫剂类	阿维菌素	爱福丁、阿维虫清、虫螨光、齐螨素、虫螨克、灭虫灵、螨虫素、虫螨齐克、虫克星、灭虫清、害极灭、7051 杀虫素、阿弗菌素、阿维兰素、爱螨力克、阿巴丁、灭虫丁、赛福丁、杀虫丁、阿巴菌素、齐墩螨素、剂墩霉素	广谱杀虫剂，防治棉铃虫、斑潜蝇、蔬菜十字花科害虫、螨类
	氯氟氰菊酯	功夫、三氟氯氰菊酯、PP321等	防治棉铃虫、棉蚜、小菜蛾
	甲氰菊酯	灭扫利、杀螨菊酯、灭虫螨、芬普宁等	虫螨兼治，用于棉花、蔬菜、果树的害虫
	联苯菊酯	天王星、虫螨灵、三氟氯甲菊酯、氟氯菊酯、毕芬宁	防治蔬菜粉虱
	丁硫克百威	好年冬、丁硫威、丁呋丹、克百丁威、好安威、丁基加保扶	用于防治棉蚜、红蜘蛛、蓟马
	吡虫啉	蚜虱净、一遍净、大功臣、咪蚜胺、艾美乐、一扫净、灭虫净、扑虱蚜、灭虫精、比丹、高巧、盖达胺、康福多	主要用于防治刺吸式口器害虫，如蚜虫、飞虱、粉虱、叶蝉、蓟马

通 用 名	商 品 名	用 途
噻螨酮	尼索朗、除螨威、合赛多、已噻唑	对同翅目的飞虱、叶蝉、粉虱及介壳虫等害虫有良好的防治效果，对某些鞘翅目害虫和害螨也具有持久的杀幼虫活性
噻嗪酮	扑虱灵、优乐得、灭幼酮、亚乐得、布芬净、稻虱灵、稻虱净	为对鞘翅目、部分同翅目以及蜱螨目具有持效性杀幼虫活性的杀虫剂。可有效地防治马铃薯上的大叶蝉科；蔬菜上的粉虱科
哒螨灵	哒螨酮、扫螨净、速螨酮、哒螨净、螨必死、螨净、灭螨灵	可用于防治多种植物性害螨。对螨的整个生长期，即卵、幼螨、若螨和成螨都有很好的效果
双甲脒	螨克、果螨杀、杀伐螨、三亚螨、胺三氮螨、双虫脒、双二甲脒	适用于各类作物的害螨。对同翅目害虫也有较好的防效
倍硫磷	芬杀松、番硫磷、百治屠、拜太斯、倍太克斯	防治菜青虫、菜蚜
稻丰散	爱乐散、益尔散等	防治蚜虫、菜青虫、蓟马、小菜蛾、斜纹夜蛾、叶蝉
二嗪磷	二螟农、地亚农、大利松、大亚仙农等	用于控制大范围作物上的刺吸式口器害虫和食叶害虫
乙酰甲胺磷	杀虫磷、杀虫灵、益土磷、高灭磷、酰胺磷、欧杀松	适用于蔬菜、茶叶、烟草、果树、棉花、水稻、小麦、油菜等作物，防止多种咀嚼式、刺吸式口器害虫和害螨
杀螟硫磷	速灭虫、杀螟松、苏米松、扑灭松、速灭松、杀虫松、诺发松、苏米硫磷、杀螟磷、富拉硫磷、灭蚜磷等	广谱杀虫，对鳞翅目幼虫有特效，也可防治半翅目、鞘翅目等害虫

(杀虫剂类)

通 用 名	商 品 名	用 途
杀虫剂类		
虫螨腈	除尽、溴虫腈等	防治对象：小菜蛾、菜青虫、甜菜夜蛾、斜纹夜蛾、菜螟、菜蚜、斑潜蝇、蓟马等多种蔬菜害虫
苏云金杆菌	苏力菌、灭蛾灵、先得利、先力、杀虫菌 1 号、敌宝、力宝、康多惠、快来顺、包杀敌、菌杀敌、都来施、苏得利	可用于防治直翅目、鞘翅目、双翅目、膜翅目，特别是鳞翅目的多种害虫
除虫脲	灭幼脲 1 号、伏虫脲、二福隆、斯代克、斯盖特、敌灭灵等	主要用于防治鳞翅目害虫，如菜青虫、小菜蛾、甜菜夜蛾、斜纹夜蛾、金纹细蛾、黏虫、茶尺蠖、棉铃虫、美国白蛾、松毛虫、卷叶蛾、卷叶螟等
灭幼脲	苏脲 1 号、灭幼脲 3 号、一氯苯隆等	防治桃树潜叶蛾、茶黑毒蛾、茶尺蠖、菜青虫、甘蓝夜蛾、小麦黏虫、玉米螟及毒蛾类、夜蛾类等鳞翅目害虫
氟啶脲	抑太保、定虫隆、定虫脲、克福隆、IKI7899 等	防治十字花科蔬菜的小菜蛾、甜菜夜蛾、菜青虫、银纹夜蛾、斜纹夜蛾、烟青虫等，茄果类及瓜果类蔬菜的棉铃虫、甜菜夜蛾、烟青虫、斜纹夜蛾等，豆类蔬菜的豆荚螟、豆野螟
抑食肼	虫死净	对鳞翅目、鞘翅目、双翅目等害虫，具有良好的防治效果
多杀霉素	菜喜、催杀、多杀菌素、刺糖菌素	防治蔬菜小菜蛾、甜菜夜蛾、蓟马
S-氰戊菊酯	来福灵、强福灵、强力农、双爱士、顺式氰戊菊酯、高效氰戊菊酯、高氰戊菊酯、霹杀高	防治菜青虫、小菜蛾，于幼虫 3 龄期前施药。豆野螟于豇豆、菜豆开花盛期、卵孵盛期施药

通 用 名	商 品 名	用 途
氯氰菊酯	安绿宝、赛灭灵、赛灭丁、桑米灵、博杀特、绿氰全、灭百可、兴棉宝、阿锐可、韩乐宝、克虫威等	防治菜蚜、蓟马、棉铃虫、菜青虫
顺式氯氰菊酯	高效灭百可、高效安绿宝、高效氯氰菊酯、甲体氯氰菊酯、百事达、快杀敌等	防治菜蚜、菜青虫、小菜蛾幼虫、豆卷叶螟幼虫
氟氯氰菊酯	百树得、百树菊酯、百治菊酯、氟氯氰醚酯、杀飞克	防治棉铃虫、烟芽夜蛾、苜蓿叶象甲、菜粉蝶、尺蠖、苹果蠹蛾、菜青虫、美洲黏虫、马铃薯甲虫、蚜虫、玉米螟、地老虎等害虫
氯菊酯	二氯苯醚菊酯、苄氯菊酯、除虫精、克死命、百灭宁、百灭灵等	可用于蔬菜、果树等作物防治菜青虫、蚜虫、棉铃虫、棉红铃虫、棉蚜、绿盲蝽、黄条跳甲、桃小食心虫、柑橘潜叶蛾、二十八星瓢虫、茶尺蠖、茶毛虫、茶细蛾等多种害虫
溴氰菊酯	敌杀死、凯素灵、凯安保、第灭宁、敌卞菊酯、氰苯菊酯、克敌	防治各种蚜虫、棉铃虫、棉红铃虫、菜青虫、小菜蛾、斜纹夜蛾、甜菜夜蛾、黄守瓜、黄条跳甲
戊菊酯	多虫畏、杀虫菊酯、中西除虫菊酯、中西菊酯、戊酸醚酯、戊醚菊酯、S-5439	防治蔬菜害螨、线虫
敌百虫	三氯松、毒霸、必歼、虫决杀	可诱杀蝼蛄、地老虎幼虫、尺蠖、天蛾、卷叶蛾、粉虱、叶蜂、草地螟、潜叶蝇、毒蛾、刺蛾、灯蛾、黏虫、桑毛虫、凤蝶、天牛、蛴螬、夜蛾、白囊袋蛾
抗蚜威	辟蚜雾、灭定威、比加普、麦丰得、蚜宁、望俘蚜	适用于防治蔬菜、烟草、粮食作物上的蚜虫

杀虫剂类

通 用 名	商 品 名	用 途
灭多威	万灵、快灵、灭虫快、灭多虫、乙肟威、纳乃得	防治蚜虫、蛾、地老虎等害虫
啶虫脒	吡虫清、乙虫脒、莫比朗、鼎克、NI-25、毕达、乐百农、绿园	防治棉蚜、菜蚜、桃小食心虫等
异丙威	灭必虱、灭扑威、异灭威、速灭威、灭扑散、叶蝉散、MIPC	对稻飞虱、叶蝉科害虫具有特效，可兼治蓟马和蚂蟥
丙溴磷	菜乐康、布飞松、多虫磷、溴氯磷、克捕灵、克捕赛、库龙、速灭抗	防治蔬菜、果树等作物上的害虫，对棉铃虫、苹果黄蚜等害虫均有很高的防治效果
哒嗪硫磷	杀虫净、必芬松、哒净松、打杀磷、苯哒磷、哒净硫磷、苯哒嗪硫磷	可防治螟虫、纵卷叶螟、稻苞虫、飞虱、叶蝉、蓟马、稻瘿蚊等，对棉叶螨有特效
毒死蜱	乐斯本、杀死虫、泰乐凯、陶斯松、蓝珠、氯蜱硫磷、氯吡硫磷、氯吡磷	适用于果树、蔬菜、茶树上多种咀嚼式和刺吸式口器害虫
硫丹	硕丹、赛丹、韩丹、安杀丹、安杀番、安都杀芬	广谱杀虫杀螨，对果树、蔬菜、茶树、棉花、大豆、花生等多种作物害虫害螨有良好防效
百菌清	达科宁、打克尼太、大克灵、四氯异苯腈、克劳优、霉必清、桑瓦特、顺天星1号	防治果树、蔬菜上锈病、炭疽病、白粉病、霜霉病等
多菌灵	苯并咪唑44号、棉萎灵、贝芬替、枯萎立克、菌立安	防治十字花科蔬菜菌核病、十字花科蔬菜白斑病，还有大白菜炭疽病、萝卜炭疽病，白菜类灰霉病、青花菜叶霉病、油菜褐腐病、白菜类霜霉病、芥菜类霜霉病、萝卜霜霉病、甘蓝类霜霉病等

杀虫剂类 / 杀菌剂类

（续）

通 用 名	商 品 名	用 途
代森锰锌	新万生、大生、大生富、喷克、大丰、山德生、速克净、百乐、锌锰乃浦	防治蔬菜霜霉病、炭疽病、褐斑病、西红柿早疫病和马铃薯晚疫病
霜脲·锰锌	克露、克抗灵、锌锰克绝	防治霜霉病、疫病，番茄晚疫病、绵疫病，茄子绵疫病，十字花科白锈病，可兼治蔬菜炭疽病、早疫病、斑枯病、黑斑病、番茄叶霉病等
噁霜·锰锌	杀毒矾、噁霜锰锌	对蔬菜上的炭疽病、早疫病等多种病害有效；对黄瓜、葡萄、白菜等作物的霜霉病有特效
甲霜灵	甲霜安、瑞毒霉、瑞毒霜、灭达乐、阿普隆、雷多米尔	用于防治蔬菜作物的霜霉病，瓜果蔬菜类的疫霉病
霜霉威盐酸盐	普力克、霜霉威、丙酰胺	防治青花菜花球黑心病、白菜类霜霉病、甘蓝类霜霉病、芥菜类霜霉病、萝卜霜霉病、青花霜霉病、紫甘蓝霜霉病、青花菜霜霉病
三乙膦酸铝	乙膦铝、三乙膦酸铝、疫霉灵、疫霉灵、霜疫灵、霜霉灵、克霜灵、霉菌灵、霜疫净、磷酸乙酯铝、藻菌磷、三乙基膦酸铝、霜霉净、疫霉净、克菌灵	防治蔬菜作物霜霉病、疫病，菠萝心腐病、柑橘根腐病、茎溃病、草莓茎腐病、红髓病
琥·乙膦铝	百菌通、琥乙磷铝、羧酸磷铜、DTM、DTNZ	防治甘蓝黑腐病、甘蓝细菌性黑斑病、大白菜软腐病、白菜类霜霉病、（萝卜链格孢）黑斑病、假黑斑病
三唑酮	粉锈宁、百理通、百菌酮、百里通	对锈病、白粉病和黑穗病有特效
腐霉利	速克灵、扑灭宁、二甲菌核利、杀霉利	适用于果树、蔬菜、花卉等的菌核病、灰霉病、黑星病、褐腐病、大斑病的防治

杀菌剂类

附录

215

通 用 名	商 品 名	用 途
异菌脲	扑海因、桑迪恩、依普同、异菌咪	防治多种果树、蔬菜、瓜果类等作物早期落叶病、灰霉病、早疫病等病害
乙烯菌核利	农利灵、烯菌酮、免克宁	对果树、蔬菜上的灰霉、褐斑、菌核病有良好防效
氢氧化铜	丰护安、根灵、可杀得、克杀得、冠菌铜	防治蔬菜作物的细菌性条斑病、黑斑病、霜霉病、白粉病、黑腐病，早疫病、晚疫病、叶斑病、褐斑病，菜豆细菌性疫病，葱类紫斑病，辣椒细菌性斑点病等
丁戊己二元酸铜	琥珀肥酸铜、琥胶肥酸铜、琥珀酸铜、二元酸铜、角斑灵、滴涕、DT、DT杀菌剂	防治蔬菜作物软腐病
络氨铜	硫酸甲氨络合铜、胶氨铜、消病灵、瑞枯霉、增效抗枯霉	防治茄子、甜（辣）椒炭疽病、立枯病，西瓜、黄瓜、菜豆枯萎病，黄瓜霜霉病，西红柿早疫病、晚疫病，茄子黄叶病
络氨铜·锌	抗枯宁、抗枯灵	用于防治蔬菜作物枯萎病
抗霉菌素120	抗霉菌素、TF-120、农抗120	大白菜黑斑病、萝卜炭疽病、白菜白粉病
多抗霉素	多氧霉素、多效霉素、保利霉素、科生霉素、宝丽安、兴农606、灭腐灵、多克菌	防治黄瓜霜霉病、白粉病、人参黑斑病、苹果梨灰斑病及水稻纹枯病等
春雷霉素	加收米、春日霉素、嘉赐霉素	防治黄瓜炭疽病、细菌性角斑病，西红柿叶霉病、灰霉病，甘蓝黑腐病，黄瓜枯萎病
盐酸吗啉胍·铜	病毒A、病毒净、毒克星、毒克清	对蔬菜（番茄、青椒、黄瓜、甘蓝、大白菜等）的病毒病具有良好预防和治疗作用

杀菌剂类

216

通 用 名		商 品 名	用 途
杀菌剂类	菌毒清	菌必清、菌必净、灭净灵、环中菌毒清	防治番茄、辣椒病毒病，西瓜枯萎病
	代森胺	阿巴姆、铵乃浦	防治白菜白粉病、白斑病、黑斑病、软腐病，甘蓝黑腐病，白菜类黑腐病、根肿病，青花菜黑腐病，紫甘蓝黑腐病
	敌磺钠	敌克松、地可松、地爽	防治蔬菜苗期立枯病、猝倒病，白菜、黄瓜霜霉病，西红柿、茄子炭疽病
	甲基立枯磷	利克菌、立枯磷	用于防治蔬菜立枯病、枯萎病、菌核病、根腐病，十字花科黑根病、褐腐病
	乙霉威	万霉灵、抑菌灵、保灭灵、抑菌威	防治黄瓜、番茄灰霉病，甜菜褐斑病
	硫菌·霉威	抗霉威、甲霉灵、抗霉灵	防治蔬菜作物霜霉病、猝倒病、疫病、晚疫病、黑胫病等病害
	多·霉威	多霉灵、多霜清、多霉威	防治番茄早疫病和菌核病、黄瓜菌核病、豇豆菌核病、苦瓜灰斑病、菠菜叶斑病、蔬菜作物灰霉病等
	噁醚唑	世高、敌萎丹	防治蔬菜作物黑星病、白粉病、叶斑病、锈病、炭疽病等
	溴菌腈	休菌清、炭特灵、细菌必克	防治炭疽病、黑星病、疮痂病、白粉病、锈病、立枯病、猝倒病、根茎腐病、溃疡病、青枯病、角斑病等
	氟哇唑	福星、农星、杜邦新星、克菌星	防治苹果黑星病、白粉病，谷类眼点病，小麦叶锈病和条锈病

217

其他类

通 用 名	商 品 名	用 途
除草剂类		
甲草胺	灭草胺、拉索、拉草、杂草锁、草不绿、澳特拉索	芽前除草剂，主要杀死出苗前土壤中萌发的杂草，对已出土杂草无效
乙草胺	禾耐斯、消草胺、刈草安、乙基乙草安	芽前除草剂，防治一年生禾本科杂草和部分小粒种子的阔叶杂草
仲丁灵	双丁乐灵、地乐胺、丁乐灵、止芽素、比达宁、硝基苯胺灵	防除稗草、牛筋草、马唐，狗尾草等一年生单子叶杂草及部分双子叶杂草
氟乐灵	茄科灵、特氟力、氟利克、特福力、氟特力	属芽前除草剂，用于防除一年生禾本科杂草及部分双子叶杂草
二甲戊灵	施田补、除草通、杀草通、除芽通、胺硝草、硝苯胺灵、二甲戊乐灵	防除一年生禾本科杂草、部分阔叶杂草和莎草
扑草净	扑灭通、扑蔓尽、割草佳	防除一年生禾本科杂草及阔叶草
嗪草酮	赛克、立克除、赛克津、赛克嗪、特丁嗪、甲草嗪、草除净、灭必净	对一年生阔叶杂草和部分禾本科杂草有良好防除效果，对多年生杂草无效
草甘膦	农达、镇草宁、草克灵、奔达、春多多、甘氨磷、嘉磷塞、可灵达、农民乐、时拨克	无残留灭生性除草剂，对一年生及多年生杂草都有效
禾草丹	杀草丹、灭草丹、草达灭、除草荞、杀丹、稻草完	适用于水稻、麦类、大豆、花生、玉米、蔬菜田及果园等防除稗草、牛毛草、异型莎草、千金子、马唐、蟋蟀草、狗尾草、碎米莎草、马齿草、看麦娘等

通 用 名	商 品 名	用 途
喹禾灵	禾草克、盖草灵、快伏草	防除看麦娘、野燕麦、雀麦、狗牙根、野茅、马唐、稗草、蟋蟀草、匍匐冰草、早熟禾、法氏狗尾草、金狗尾草等多种一年生及多年生禾本科杂草，对阔叶草无效
稀禾定	拿捕净、乙草丁、硫乙草灭	防除双子叶作物田中稗草、野燕麦、狗尾草、马唐、牛筋草、看麦娘、白茅、狗芽根、早熟禾等单子叶杂草
萘乙酸	A-萘乙酸、NAA	促进生根，防止落花落果
2，4-滴	2，4-D、2，4-二氯苯氧乙酸	防止落花落果
赤霉素	赤霉酸、奇宝、九二〇、GA$_3$	提高无籽葡萄产量，打破马铃薯休眠，促进作物生长、发芽、开花结果；能刺激果实生长，提高结实率
乙烯利	乙烯灵、乙烯磷、一试灵、益收生长素、玉米健壮素、2-氯乙基膦酸、CEPA、艾斯勒尔	促进果实成熟、雌花发育
丁酰肼	比久、调节剂九九五、二甲基琥珀酰肼、B9、B-995	抑制新枝徒长、缩短节间，增加叶片厚度及叶绿素含量，防止落花，促进坐果，诱导不定根形成，刺激根系生长，提高抗寒力
矮壮素	三西、西西西、CCC、稻麦立、氯化氯代胆碱	促使植株变矮，杆茎变粗，叶色变绿，可使作物耐旱耐涝，防止作物徒长倒伏，抗盐碱，又能防止棉花落铃，可使马铃薯块茎增大

除草剂类

植物生长调节剂类

附录

219

通 用 名	商 品 名	用 途
植物生长调节剂类		
甲哌鎓	缩节胺、甲呱啶、助壮素、调节啶、健壮素、缩节灵、壮棉素、棉壮素	对蔬菜等作物具有抑制徒长、促叶片增厚、增强抗逆性、提高坐果率等作用
多效唑	氯丁唑	抑制秧苗顶端生长优势，促进侧芽（分蘖）滋生。秧苗外观表现为矮壮多蘖，根系发达
杀线虫剂类		
溴甲烷	溴代甲烷、一溴甲烷、甲基烷、溴灭泰	用于植物保护，作为杀虫剂、杀菌剂、土壤熏蒸剂和谷物熏蒸剂，但在黄瓜上禁用
棉隆	迈隆、必速灭、二甲噻嗪、二甲硫嗪	土壤消毒剂，能有效地杀灭土壤中各种线虫、病原菌、地下害虫及萌发的杂草种子
杀软体动物剂类		
四聚乙醛	密达、蜗牛散、蜗牛敌、多聚乙醛	防治福寿螺、蜗牛、蛞蝓等软体动物
杀螺胺	百螺杀、贝螺杀、氯螺消	防治琥珀螺、椭圆萝卜螺、蛞蝓
甲硫威	灭旱螺、灭梭威、灭虫威、灭赐克	防治软体动物

附录 B 常见计量单位名称与符号对照表

量 的 名 称	单 位 名 称	单 位 符 号
长度	千米	km
	米	m
	厘米	cm
	毫米	mm

量 的 名 称	单 位 名 称	单 位 符 号
面积	公顷	ha
	平方千米（平方公里）	km²
	平方米	m²
体积	立方米	m³
	升	L
	毫升	mL
质量	吨	t
	千克（公斤）	kg
	克	g
	毫克	mg
物质的量	摩尔	mol
时间	小时	h
	分	min
	秒	s
温度	摄氏度	℃
平面角	度	(°)
能量，热量	兆焦	MJ
	千焦	kJ
	焦［耳］	J
功率	瓦［特］	W
	千瓦［特］	kW
电压	伏［特］	V
压力，压强	帕［斯卡］	Pa
电流	安［培］	A

附录

参 考 文 献

[1] 山东农业大学. 蔬菜栽培学各论 [M]. 北京：中国农业出版社，1999.

[2] 王倩，孙令强，孙会军. 西瓜甜瓜栽培技术问答 [M]. 北京：中国农业大学出版社，2007.

[3] 徐志红，徐永阳. 安全甜瓜高效生产技术 [M]. 郑州：中原农民出版社，2010.

[4] 王久兴，齐福高，陈凤茹，等. 图说甜瓜栽培关键技术 [M]. 北京：中国农业出版社，2010.

[5] 邓德江. 西瓜甜瓜优质高效栽培技术 [M]. 北京：中国农业出版社，2007.

[6] 农业部农业科技教育培训中心，中央农业广播电视学校. 西瓜甜瓜栽培技术百问百答 [M]. 北京：中国农业大学出版社，2007.

[7] 张玉聚，李洪连，张振臣. 中国蔬菜病虫害原色图解 [M]. 北京：中国农业出版社，2010.

[8] 郑建秋. 现代蔬菜病虫鉴别与防治手册 [M]. 北京：中国农业出版社，2003.

[9] 孙茜. 甜瓜疑难杂症图片对照诊断与处方 [M]. 北京：中国农业出版社，2005.

[10] 王久兴，张慎好，等. 瓜类蔬菜病虫害诊断与防治原色图谱 [M]. 北京：金盾出版社，2005.

[11] 张长清，董洋溢，王献芝，等. 越夏厚皮甜瓜无公害栽培技术 [J]. 安徽农学通报，2009，15（04）：113-114.

[12] 孙艳来，孟宪刚，刘均革. 伊丽莎白甜瓜一年三熟栽培技术 [J]. 天津农林科技，2000，6（3）：9-11.

[13] 吕明杰，达会广. 大棚厚皮甜瓜秋延迟高效栽培技术 [J]. 现代农业科技，2013（18）：95-96.

[14] 郭伟，刘宝东，徐洪芹，等. 大棚秋冬茬厚皮甜瓜高产高效栽培技术（二）[J]. 上海蔬菜，2008（3）：90-91.

[15] 董凤英，谢成虎，吴治国. 设施重茬瓜丰产栽培关键技术 [J]. 蔬菜，2013（8）：39-40.

[16] 陈樾，高玉梅，顾利娟. 西瓜棚室生产重茬障碍控制途径 [J]. 农民

致富之友，2012（11）：43.

[17] 肖光辉，刘建华. 有机西瓜栽培技术要点［J］. 长江蔬菜，2012（10）：43-46.

[18] 贾光耀. 水肥一体化的好帮手——比例施肥泵［J］. 农业工程技术，2011（2）：44-45.

[19] 张荣. 大棚早春茬厚皮甜瓜水肥一体化栽培技术［J］. 陕西农业科学，2014，60（1）：116-117.

[20] 马兴华. 蔬菜简易水肥一体化滴灌栽培技术［J］. 长江蔬菜，2014（9）：43-46.

[21] 张万清. 大棚厚皮甜瓜滴灌栽培新技术［J］. 中国西瓜甜瓜，1997（2）：27-28.

[22] 刘声锋，郭文忠，冯志红，等. 银川地区甜瓜滴灌节水栽培技术［J］. 上海蔬菜，2003（6）：45-46.

[23] 刘建英，张建玲，赵宏儒. 水肥一体化技术应用现状、存在问题与对策及发展前景［J］. 内蒙古农业科技，2006（6）：32-33.

[24] 王久兴. 图解蔬菜无土栽培［M］. 北京：金盾出版社，2013.

[25] 严兴蓉. 温室甜瓜无土栽培技术规程［J］. 农村实用工程技术，2005（9）：46-47.

[26] 刘发伦，薄凤. 甜瓜有机生态无土栽培技术［J］. 科学种养，2011（6）：53-54.

[27] 卞晓东，余汉清，高晓东，等. 网纹甜瓜岩棉栽培设施建设及营养液管理［J］. 长江蔬菜，2013（3）：25-27.

[28] 刘渤，李冬瑞，马广福，张江龙. 薄皮甜瓜（香瓜）栽培技术［J］. 宁夏农林科技，2013，54（5）：17-20，83.

[29] 田同平，刘辉，陈志品，等. 薄皮甜瓜小拱棚春早熟栽培技术［J］. 山东蔬菜，2008（3）：15.

[30] 侯喜荣，孔凡祥，李维艳. 无公害薄皮甜瓜地膜加小拱棚双覆盖高产栽培技术［J］. 中国农村小康科技，2008（10）：36-37.

[31] 魏艳丽，赵勇. 薄皮甜瓜栽培技术要点［J］. 河南农业，2009（3）：41.

[32] 侯淑侠. 塑料大棚薄皮甜瓜栽培技术［J］. 现代农业，2011（10）：12.

[33] 杨光. 设施薄皮甜瓜套袋高产高效栽培技术［J］. 北京农业，2014（2）：46.

［34］贾凤松. 日光温室薄皮甜瓜栽培管理技术［J］. 北京农业，2012
（7）：41-42.

［35］王晓荣，张飞，龚晓菲，等. 富硒甜瓜生产技术［J］. 西北园艺，
2013（5）：27-29.

［36］杨柳，邓正春，杜登科，等. 网纹甜瓜富硒生产关键技术［J］.
2013，27（5）：489-491.

［37］郑建余，娄齐胜，陈坚平，等. 浙江地区大棚哈密瓜栽培技术［J］.
中国蔬菜，2008（1）：51-52.

ISBN：978-7-111-55670-1

定价：59.80 元

ISBN：978-7-111-56476-8

定价：39.80 元

ISBN：978-7-111-57789-8

定价：39.80 元

ISBN：978-7-111-49441-6

定价：35.00 元

ISBN：978-7-111-57310-4

定价：29.80 元

ISBN：978-7-111-47467-8

定价：25.00 元

ISBN：978-7-111-52313-0

定价：25.00 元

ISBN：978-7-111-56074-6

定价：29.80 元

ISBN：978-7-111-56065-4

定价：25.00 元

ISBN：978-7-111-46164-7

定价：25.00 元

ISBN：978-7-111-46165-4

定价：25.00 元

ISBN：978-7-111-52723-7

定价：39.80 元

ISBN：978-7-111-49264-1

定价：35.00 元

ISBN：978-7-111-54231-5

定价：29.80 元

ISBN：978-7-111-47926-0

定价：25.00 元

ISBN：978-7-111-49513-0

定价：25.00 元

ISBN：978-7-111-50503-7

定价：25.00 元

ISBN：978-7-111-47685-6

定价：25.00 元

ISBN：978-7-111-47947-5

定价：29.80 元

ISBN：978-7-111-49603-8

定价：29.80 元